MÉMOIRE

SUR

LA FILATURE DE LA SOIE.

IMPRIMERIE DE MADAME VEUVE HUZARD (NÉE VALLAT LA CHAPELLE),
rue de l'Eperon, n° 7.

MÉMOIRE

SUR

LA FILATURE DE LA SOIE,

PAR ROBINET,

MEMBRE DE L'ACADÉMIE ROYALE DE MÉDECINE, PROFESSEUR DU COURS SUR L'INDUSTRIE DE LA SOIE.

PARIS,

MADAME Ve HUZARD, IMPRIMEUR-LIBRAIRE,

7, RUE DE L'ÉPERON.

1839.

AVANT-PROPOS.

Je réclame pour cet écrit l'indulgence du lecteur.

Pressé entre l'époque de mon arrivée à Paris en décembre 1838, et mon départ pour Poitiers en mai 1839, j'ai eu bien peu de temps pour faire un aussi grand nombre d'essais et rédiger ce mémoire; aussi je le considère comme très-imparfait.

Alors pourquoi le publier ?

Parce que les recherches sur la filature de la soie sont à l'ordre du jour, vivement réclamées par l'imperfection des procédés actuels, et désirées avec ardeur par tous les hommes de progrès;

Parce que la saison de la filature va s'ouvrir bientôt, et qu'il faut arriver avec elle si je veux qu'on puisse répéter mes expériences, les confirmer ou les contester;

Parce qu'en publiant, quelques mois plus tard, cet aperçu des questions que soulève la filature, j'aurais perdu une année pour leur solution. Où sont-elles posées? où est leur discussion? Quand je n'aurais fait que les débrouiller et les caractériser, je croirais encore avoir bien fait de m'exposer à la critique en publiant ce travail.

Tel a été mon but : *poser les questions*.

Je n'en ai résolu qu'un petit nombre; mais combien de personnes sont plus à même que moi de le faire, par leur position ou leur expérience! Qu'elles parlent, et la filature de la soie sera bientôt une industrie parfaite.

C'est à mon grand regret que je m'en suis occupé avant d'avoir visité les filatures du Midi; mais, encore une fois, il faut marcher, il faut se hâter, il faut prendre l'initiative : je l'ai prise.

C'est un devoir pour moi de faire connaître combien j'ai été secondé dans ce travail par mon ami M. Goupil, officier supérieur d'artillerie. Les connaissances profondes qu'il a en mécanique, l'habitude qu'il a acquise pour la construction des machines en créant toutes celles de la magnifique manufacture d'armes de Châtellerault, l'ont mis en état de résoudre de la manière la plus heureuse toutes les difficultés d'exécution qui se sont présentées dans le cours de nos recherches. Qu'il reçoive ici mes vifs remercîments pour son concours désintéressé !

Enfin je ferai remarquer au lecteur que je n'ai pris de brevet pour aucune des améliorations introduites dans l'art de filer la soie. Producteur zélé et propagateur ardent, parce que je suis convaincu, je livre avec joie à mes concitoyens le fruit de mon travail et de mes sacrifices, heureux si l'on reconnaît qu'ils n'ont pas été inutiles.

MÉMOIRE

SUR

LA FILATURE DE LA SOIE.

PREMIÈRE PARTIE.

PROPRIÉTÉS GÉNÉRALES DE LA SOIE.

Tous les praticiens sont d'accord pour reconnaître que les procédés qui ont pour objet d'extraire la soie du cocon et d'en former un fil propre aux usages industriels ont la plus grande influence sur la nature de ce fil.

Cette influence est telle, que les meilleurs cocons, traités par un procédé défectueux, ou livrés à des mains inhabiles, peuvent ne donner qu'une soie grège très-inférieure. Au contraire, des cocons moins parfaits peuvent en fournir d'une excellente qualité, s'ils sont travaillés avec intelligence et dans des circonstances favorables.

Il est évident qu'ici il faut faire la part du procédé en lui-même et celle de la main qui l'exécute; mais on ne peut se refuser à reconnaître qu'à talent égal le procédé exerce encore une influence considérable.

Cela posé, on est amené à se demander d'où vient que les opinions sont encore aussi partagées sur les avantages et les inconvénients des divers procédés de filature qui ont été proposés. On peut s'étonner que certains établissements s'obstinent à conserver des systèmes qui donnent des soies d'une qualité et d'un prix inférieurs.

Enfin, si l'on cherche à s'éclairer sur ces questions en parcourant les auteurs, on s'aperçoit bientôt que la filature de la soie n'a pas encore été l'objet de recherches bien suivies ni bien rationnelles. On a fait sans doute des améliorations partielles, modifié les machines, perfectionné les procédés de chauffage; mais jamais, que je sache, on n'est parti de la base réelle qu'il fallait d'abord établir. On a, pour ainsi dire, oublié d'étudier la soie et de déterminer, par des expériences positives et suivies, ses propriétés chimiques et physiques.

Cependant, comment apprécier d'une manière un peu exacte les effets, les résultats des procédés, si on n'était bien fixé d'abord sur la nature et les propriétés de la matière sur laquelle on opérait?

Et n'était-ce pas de cette connaissance seule que pouvait découler *un procédé d'appréciation* qui permît de se rendre compte des essais pratiques de filature?

Je me suis proposé d'aborder ces questions, et je l'ai fait, bien convaincu que je n'aurai réussi qu'à indiquer la voie dans laquelle il faut entrer. Beaucoup de choses m'auront échappé, d'autres seront sorties incomplètes de mes expériences; mais je crois que je n'aurai pas pris une peine inutile, si je parviens à appeler dans cette direction les hommes de talent qui travaillent à l'amélioration de l'industrie qui nous est chère. Peu à peu les observations se multiplieront, les faits douteux seront confirmés, les erreurs détruites, et l'art de filer la soie atteindra sa perfection.

Dans la première partie de ce mémoire je me propose d'étudier les propriétés générales de la soie. J'aurai à m'occuper successivement :

1° De ses propriétés chimiques ;

2° De ses propriétés physiques.

CHAPITRE PREMIER.

PROPRIÉTÉS CHIMIQUES DE LA SOIE.

§ Ier. *Composition de la soie.*

Plusieurs chimistes anciens se sont occupés à déterminer la nature chimique de la soie.

Baumé, Giobert, Berthollet, Proust, Roard, ont fait sur elle diverses expériences qui offrent de l'intérêt.

Proust a observé qu'elle était recouverte d'un enduit de cire extrêmement léger. Ce fait explique le phénomène que présentent les cocons que l'eau froide ne saurait mouiller ni pénétrer. On ne peut se défendre d'admirer ici la prévoyance de la nature, qui, par ce procédé si simple, a mis ainsi à l'abri de l'influence délétère de l'eau la chrysalide renfermée dans le cocon. Car enfin, dans l'état de nature, le cocon, suspendu à l'arbre, est exposé à la rosée et à la pluie. S'il était perméable à l'eau, que deviendrait la chrysalide?

J'ai voulu répéter l'expérience de Proust. Déjà j'avais observé et noté, dans un mémoire précédent, que les cocons, trempés une fois dans l'alcool, étaient ensuite susceptibles d'être pénétrés par l'eau. Pour obtenir la matière circuse, j'ai fait bouillir des cocons dans l'esprit-de-vin et dans l'éther. L'un et l'autre liquide, évaporé dans une capsule, a laissé un enduit blanc, gras au toucher, et sur lequel l'eau froide n'avait aucune action.

Voici donc une première substance extraite de la soie : une espèce de *cire*.

Baumé et Roard ont observé tous deux que la soie contenait une substance glutineuse qui l'enveloppe comme un vernis. Roard dit que cette matière est dans la proportion de 23 pour 100. Mais il est aisé de reconnaître, en lisant ses recherches, qu'il n'a pas suffisamment distingué deux matières qui cependant ne doivent pas être confondues. L'une de ces matières n'existe plus dans la soie grège; l'autre a résisté à l'action de l'eau chaude. Je vais rapporter les expériences que j'ai faites à ce sujet.

§ II. *Action de l'eau.*

Sept échantillons de soie grège ont été placés sous une cloche de verre, au-dessus d'une assiette remplie de chlorure de calcium : ce sel a la propriété d'attirer avec force l'humidité répandue dans l'air et de le dessécher. On conçoit que les soies, exposées pendant quelque temps à cette influence, ont dû se dessécher aussi et être ramenées ainsi à un état d'uniformité parfait. On verra plus tard combien cette précaution était indispensable (1).

(1) Par ce procédé, la soie n'est pas complétement desséchée, mais tous les échantillons qui y sont soumis avant et après d'autres

Les sept échantillons ont été pesés avec soin au sortir de la cloche desséchante, et après qu'on s'est assuré qu'ils ne perdaient plus rien par un nouveau séjour dans l'air sec.

Alors on les a plongés dans l'eau distillée, c'est-à-dire dans l'eau pure, et on a fait bouillir pendant cinq minutes. Retirés de l'eau, exprimés, séchés à l'air, on les a replacés sous la cloche desséchante, et quand j'ai acquis la certitude qu'ils étaient secs, je les ai pesés de nouveau. Voici les résultats de cette expérience ; les soies désignées par des numéros seront dénommées plus tard.

	POIDS des écheveaux avant leur traitement par l'eau.	POIDS des écheveaux après leur traitement par l'eau.	PERTE éprouvée par cent de soie.
	grammes.	grammes.	grammes.
N° 1.	0,73	0,73	0,0
2.	0,70	0,68	2,8
3.	0,92	0,90	2,1
Race blanche de Tours.	0,90	0,90	0,0
La même élevée en plein air. .	0,63	0,63	0,0
Roux de Sauve.	0,85	0,84	1,1
Race à trois mues.	0,72	0,71	1,4

Il résulte de cette expérience que les soies n°s 1 et 3 ont perdu plus de deux pour cent par leur ébullition dans l'eau. Ce fait s'explique très-bien : ces soies ont été

épreuves, se trouvant ramenés chaque fois à un état constant, il en résulte la possibilité d'établir des comparaisons et d'obtenir des résultats exacts ; c'était tout ce que je désirais pour le moment.

filées *sans croisade*. L'absence de cette pratique a laissé à leur surface une grande quantité de l'eau de la bassine plus ou moins chargée de la substance des chrysalides. Cette eau, en s'évaporant, a laissé sur la soie la matière animale qu'elle tenait en dissolution, et je l'ai redissoute et enlevée dans mon expérience. Plus tard nous tirerons parti de ce fait.

Les deux soies jaunes ont perdu plus d'un pour cent. Il est d'autant plus probable que cette perte est due à l'enlèvement d'un peu de matière colorante, que les écheveaux n° 1, blanc de Tours, et blanc de Tours élevé en plein air, qui ont été filés avec soin, n'ont absolument rien perdu par leur ébullition dans l'eau.

Il m'a paru curieux de répéter la même expérience sur des cocons entiers.

En conséquence, j'en ai ouvert un certain nombre et rejeté les chrysalides. Les coques soyeuses ont été soumises, comme la soie grège, avant et après l'opération, à l'action de l'air desséchant. Voici les résultats :

	POIDS des cocons secs avant l'action de l'eau.	POIDS des cocons après l'action de l'eau.	PERTE pour cent parties.
	grammes.	grammes.	grammes.
Sina.	1,27	1,20	5,6
Blancs de Tours.	1,50	1,45	3,3
Les mêmes élevés en plein air.	1,11	1,06	4,5
Roux de Sauve.	2,42	2,32	4,1
Trois mues.	1,07	1,02	4,6
Perte moyenne.			4,4

Il résulte de cette expérience que la soie des cocons éprouve par l'action de l'eau bouillante une diminution de poids de 4 et demi pour cent environ. Cette perte est assez uniforme dans les diverses espèces que j'ai expérimentées, et peut-être les différences observées ne sont-elles qu'accidentelles.

Il résulte aussi de ce fait qu'il faut tenir compte de la perte en question, lorsqu'on cherche à s'assurer, par l'estimation séparée des chrysalides et des coques soyeuses, de la quantité de soie que peuvent fournir des cocons (1).

J'ai voulu connaître la nature de la matière dissoute dans l'eau. A cet effet, le liquide dans lequel avaient bouilli les cocons a été évaporé avec soin. Il est resté au fond du vase une petite quantité d'une matière brune, sapide, soluble dans l'eau, insoluble dans l'alcool, et présentant enfin tous les caractères de ce qu'on appelle l'*extractif.* Cette matière n'offre aucun intérêt.

En résumant ce qui vient d'être rapporté, on trouve :

1° Que la soie blanche bien filée n'éprouve aucune perte par l'action de l'eau bouillante ;

2° Que la soie jaune éprouve une perte d'un peu plus d'un pour cent ;

3° Que l'enveloppe soyeuse de la chrysalide contient 4 à 5 pour cent d'une matière animale soluble dans l'eau.

§ III. *Action de l'eau alcaline.*

J'ai dit plus haut que Roard avait signalé dans la soie

(1) Voir la deuxième note sur l'éducation de Poitiers, par MM. Millet et Robinet.

la présence d'une quantité très-notable de substance glutineuse. Il m'a paru intéressant de déterminer rigoureusement la proportion de cette matière, et de m'assurer si toutes les soies en contenaient des quantités pareilles.

En conséquence, neuf échantillons de soie dont le poids était parfaitement connu ont été mis en ébullition pendant un quart d'heure dans une eau alcaline contenant un trente-deuxième de sous-carbonate de soude cristallisé. Cette liqueur équivalait à une lessive légère.

Les écheveaux, bien lavés dans l'eau pure, ont été desséchés de nouveaux et pesés. Ils avaient tous éprouvé une perte considérable. Voici le résultat de l'expérience :

TABLEAU

DES QUANTITÉS DE GLUTEN CONTENUES DANS LA SOIE.

	POIDS de la soie avant l'opération.	POIDS de la soie après l'opération.	PERTE par cent de soie.
	grammes.	grammes.	grammes.
N° 1.	0,73	0,56	23,3
2.	0,68	0,56	17,7
3.	0,90	0,71	21,2
Blancs de Tours.	0,90	0,70	22,3
Les mêmes élevés en plein air.	0,64	0,51	20,4
Roux de Sauve.	0,84	0,68	19,1
Trois mues.	0,71	0,55	22,6
Sina, 1er échantillon.	0,55	0,45	19,0
Sina, 2e échantillon.	0,92	0,75	18,5
Perte moyenne.			20,4

Pour m'assurer si cette opération était complète, j'ai soumis les soies à une seconde ébullition dans une nouvelle quantité d'eau alcaline. Lavées et desséchées, elles n'avaient éprouvé *aucune perte*. Il en résulte évidemment que le premier traitement avait complétement dépouillé la soie de la matière soluble dans l'alcali, et que celui-ci est sans action sur la voie pure. Premier point.

En second lieu, on voit que la perte éprouvée a été, en moyenne, de près de 21 pour cent.

Quant aux différences observées entre les neuf échantillons, elles ne m'ont pas paru avoir assez d'importance, au moins pour le moment.

Cependant, comme les sept premiers avaient déjà été traités par l'eau bouillante, il faut ajouter à la perte qu'ils ont éprouvée par l'eau alcaline celle qu'ils avaient présentée dans le premier cas, afin d'avoir la perte réelle qu'aurait éprouvée cette soie à la cuisson. Elle aurait été, pour le n° 2, 20,5 ; pour le n° 3, 23,3 ; pour le roux de Sauve, 20,2 ; enfin, pour la soie provenant des vers à trois mues, de 24 pour cent.

Il résulte de ces expériences exactes la confirmation d'un fait bien connu dans l'industrie de la soie. On estime, en général, que la soie perd 25 pour cent à la cuisson, c'est-à-dire par son traitement à l'eau de savon. On conçoit qu'en grand on éprouve une perte un peu plus forte que celle qui a eu lieu dans mes expériences faites avec le plus grand soin. Mais il serait sans doute intéressant de substituer à l'eau de savon une eau alcaline comme celle employée, même en l'affaiblissant encore, car il n'a fallu qu'un quart d'heure à peine d'ébullition pour cuire complétement mes échantillons, tandis que l'eau de savon exige une action de plusieurs heures. Ne doit-on pas redouter que cette longue ébullition altère la soie? et l'eau de savon ne dépose-t-elle pas à sa surface des matières capables de la ternir? Je laisse à d'autres le soin de traiter ces questions (1).

§ IV. *Nature de la matière glutineuse.*

Si ce mémoire était destiné à des chimistes, je n'aurais pas dû me dispenser de déterminer, autant que possible au moins, la nature de la matière glutineuse qui recouvre la soie; mais je m'adresse à des industriels pour lesquels ces connaissances purement théoriques offriraient peu d'intérêt. Je me bornerai donc à dire que la substance glutineuse est *de nature animale.* Il faut donc cesser de lui donner le nom de *gomme* qu'on emploie souvent pour la désigner. Elle a la plus grande analogie avec une substance que les chimistes appellent *mucus.* Celle-ci ressemblant aussi au gluten proprement dit, je ne vois aucun inconvénient à dire le *gluten de la soie*, ou la

(1) Il est presque superflu de faire remarquer que, dans l'industrie, on ne cuit pas la soie à l'état de grège, mais bien à l'état d'organsin, de trame ou de chaîne. Mais les opérations purement mécaniques auxquelles les grèges sont soumises, et qui leur font donner un nom différent, ne changent rien à leur nature chimique, de manière que les résultats ci-dessus indiqués seraient obtenus également avec toute espèce de soie non cuite. Cependant il ne serait pas impossible que ces opérations détachassent de la soie une partie de son gluten, puisqu'il suffit de presser dans la main un écheveau de grège bien sèche, pour en voir s'échapper un nuage de poussière. S'il en était ainsi, les soies moulinées devraient perdre moins à la cuisson que les grèges sur lesquelles j'ai fait mes expériences. Je reviendrai plus tard sur cette importante question.

matière glutineuse de la soie; d'autant plus qu'en définitive elle paraît n'avoir d'autre destination que celle d'agglutiner entre elles les circonvolutions du fil de soie dont est formé le cocon.

Le gluten de la soie est insoluble dans l'eau froide et dans l'eau chaude : celle-ci le ramollit seulement; encore faut-il, ou que l'action de l'eau soit prolongée, si elle n'est que tiède, ou que sa température soit portée de 80 à 90 degrés centigrades, si l'on veut obtenir un ramollissement immédiat. C'est ce qui explique l'impossibilité de battre des cocons dans l'eau qui n'a pas atteint le degré de chaleur convenable. Mais il est bien entendu que l'eau, quelque chaude qu'elle soit, ramollit seulement la matière glutineuse et ne la dissout pas. Tous les auteurs qui ont dit que l'eau chaude *dissolvait* la gomme de la soie se sont trompés.

Nous venons de voir, au contraire, que le gluten de la soie est très-soluble dans l'eau alcaline, et la manière dont cette action a lieu, ainsi que la double expérience que j'ai faite, prouvent que le gluten est à la surface seulement du fil de soie, en sorte qu'après son enlèvement la soie proprement dite reste pure.

Ici viendrait se placer assez naturellement la question de savoir dans quelles circonstances le gluten de la soie doit être placé pour faire adhérer entre eux, le plus solidement possible, les *brins simples* ou *baves* dont se compose un fil de soie grège; mais comme il faudrait donner des preuves à l'appui de mes assertions, et comme ces preuves font partie d'un travail dont il sera rendu compte plus tard, je me vois forcé d'ajourner l'étude de cette question intéressante.

§ V. *Propriétés hygrométriques de la soie.*

Tous les filateurs ont observé que la soie en séchant sur les asples se tend considérablement. Il en résulte évidemment qu'elle a la propriété de s'allonger par l'humidité. C'est le contraire pour les fils végétaux tordus : on sait qu'ils se raccourcissent quand on les mouille. Mais cette connaissance imparfaite d'un fait ne pouvait me suffire ; j'ai dû l'étudier.

Le 22 janvier, je dispose un fil de soie grège, blanc, à 5 cocons, long d'un mètre, sur une planchette verticale graduée ; je le distends au moyen d'un poids de 2 grammes. Ce poids porte une aiguille qui glisse le long de l'échelle graduée. *Fig.* 1, *Pl.* III.

Les deux premiers jours, aucun changement ne se manifeste.

Le 25, l'hygromètre marquant 73 degrés d'humidité, le fil s'est allongé d'un millimètre.

Le 26, j'ouvre la fenêtre, l'hygromètre marque 80 degrés. La soie s'est allongée de 2 millimètres.

Le 27 au matin, l'hygromètre remonte à 76, et l'allongement n'est plus que d'un millimètre.

A deux heures après midi, l'hygromètre a rétrogradé à 61 degrés, et la soie a repris sa longueur primitive d'un mètre.

Alors je mouille mes doigts, et je les passe légèrement sur le fil de soie ; à l'instant même, l'aiguille annonce un allongement de 3 millimètres ; mais il faut se hâter de l'observer, car la soie reprend avec rapidité sa longueur normale. L'expérience répétée dix fois, et devant plusieurs personnes, a toujours le même résultat.

Curieux de savoir combien il faut de temps pour opérer la dessiccation du fil et son retrait, je prends la montre à secondes, et je vois qu'il faut à peine trois quarts de minute pour qu'il ait repris sa longueur primitive.

Cette expérience devait naturellement me conduire à l'idée de comparer les propriétés hygrométriques de la soie à celles du cheveu. En conséquence, j'établis deux hygromètres; l'un avec un cheveu préparé suivant les prescriptions de Saussure, l'autre avec un fil de soie grège à 5 cocons.

Je ramène au 50e degré les aiguilles des deux hygromètres, et je les place contre une cloison dans ma salle à manger; c'était le 5 février.

Jusqu'au 13, l'hygromètre à cheveu éprouve diverses variations, et se trouve, ce jour-là, à 66 degrés.

L'hygromètre à soie descend rapidement jusqu'au 8e degré, puis remonte au 15e, où il se trouve le 13 février.

Ce jour-là, je place les deux instruments sous une grande cloche en verre posée sur un plat dont le fond est couvert d'eau, et je ramène les deux aiguilles au 50e degré.

L'hygromètre à cheveu s'élève au 63e, et, en mouillant les parois de la cloche, au 70e. La soie reste au 51e degré, elle paraît saturée. Alors je ramène les deux aiguilles au 100e degré, qui marque l'extrême humidité, et j'enlève la cloche. Les deux instruments se trouvent donc replacés dans l'air ordinaire.

Les deux aiguilles reviennent promptement à 70 degrés et y restent deux jours; le 17, elles sont à 67.

Le 18, je replace les deux instruments sous la cloche;

mais, au lieu d'eau, je dépose dans le plat deux gros morceaux de chaux vive.

Le 21, le cheveu a ramené l'aiguille à 37 degrés; la soie, au 56e seulement.

Je remplace alors la chaux par du chlorure de calcium sec. Le 25, le cheveu est remonté à 27 degrés; la soie, à 49.

Enfin j'expose les deux hygromètres à l'air extérieur : alors ils se suivent de plus près. La soie même dépasse le cheveu.

	CHEVEU.	SOIE.
22 février	76	72
23	71	69
24	61	64
25	70	72
26	66	70
27	78	76
28	78	78

Depuis ce jour, les deux instruments sont restés dehors et ont marché, à peu de chose près, ensemble.

Je n'ai pas cru devoir donner ici dans tous leurs détails les observations que j'ai faites, elles auraient tenu trop de place; ce que j'en rapporte suffit pour motiver les conclusions suivantes :

1° La soie grège s'allonge par l'action de l'humidité d'une manière analogue à celle du cheveu.

2° Cet allongement est d'environ trois millièmes quand la soie est mouillée artificiellement.

3° Comparée à celle du cheveu, la propriété hydrométrique de la soie est moins étendue et n'est comparable à l'autre que dans les degrés élevés de l'échelle.

4° Il est évident que des étoffes de soie préparées dans des lieux humides doivent se resserrer en séchant. Le contraire arrive aux étoffes composées de fils végétaux.

5° Il doit être de quelque importance de faire arriver la soie sur les asples aussi sèche que possible, parce que le retrait qu'elle éprouve pourrait altérer son nerf.

§ VI. *De la quantité d'eau que la soie peut contenir.*

Depuis longtemps on s'était aperçu que la soie était susceptible d'absorber beaucoup d'humidité, et, par conséquent, d'éprouver un déchet considérable lorsqu'elle était exposée dans un air plus sec ou plus chaud qui la lui enlevait. Cette observation devait donner l'idée de ramener toutes les soies à une *condition pareille*, afin d'éviter les difficultés qui devaient naître des déchets éprouvés. Cette idée, conçue pour la première fois par M. Rast, de Lyon, est depuis longtemps mise en pratique à Lyon et ailleurs, dans les établissements appelés *Condition publique des soies.*

Je savais que des travaux importants avaient étéentrepris à l'occasion et pour le perfectionnement de ces établissements; mais je n'étais pas parvenu à me procurer leur relation. J'avais, en conséquence, fait moi-même un grand nombre d'essais pour résoudre la question. C'est alorsque j'ai dû à l'obligeance de M. Léon Talabot la communication de son beau travail sur le conditionnement des soies, ainsi que les rapports faits à ce sujet par M. d'Arcet et une commission nommée par la chambre de commerce de Lyon. La question de savoir dans quelle proportion la soie peut contenir et absorber de l'eau a été complétement résolue dans ces travaux. Il ne me restait donc qu'à supprimer, dans mon travail, les expériences que j'avais faites à ce sujet et à donner les résultats de MM. Talabot. Mais, considérant qu'il pouvait y avoir quelques avantages à confirmer ces résultats par d'autres obtenus dans une autre localité et une autre saison, et que, d'ailleurs, j'avais ajouté à mes essais les cocons entiers et des soies teintes, j'ai pris le parti de conserver mes essais, sauf à comparer leurs résultats avec ceux de MM. Talabot.

J'ai fait de petits écheveaux de soie grège de diverses espèces. J'y ai ajouté deux écheveaux de soie teinte *sur cru* et deux teints *sur cuit*. Enfin j'ai compris dans mon expérience des cocons séparés de leurs chrysalides. Après avoir pesé exactement tous les échantillons, je les ai placés sous une cloche de verre au-dessus d'une grande quantité de chlorure de calcium destiné à les dessécher. J'ai eu soin de ne déterminer le poids des écheveaux secs que lorsqu'il a été constant *qu'ils ne perdaient plus rien*. J'ai pu connaître ainsi quelle proportion d'eau pouvait leur être enlevée par le sel desséchant. Tous les échantillons sortaient de bocaux fermés, placés dans ma salle à manger munie d'un poêle qui est allumé tous les jours.

Après ce premier résultat, et les échantillons étant parvenus à un état de siccité aussi complet que pouvait le donner le procédé, je les ai tous placés sous une cloche au-dessus d'une assiette pleine d'eau. Cette fois aussi, j'ai attendu, pour déterminer la quantité d'eau absorbée, qu'il fût bien constant que les échantillons n'augmentaient plus de poids. Pour le plus grand nombre, deux où trois jours ont suffi; mais pour la soie bleue teinte sur cuit, il en a fallu plus de huit, et je l'ai repesée seize fois avant d'arriver à la saturation. La soie teinte en rouge sur cuit a été pesée onze fois.

Voici le tableau de ces expériences :

	POIDS des écheveaux bruts.	POIDS des écheveaux secs.	PERTE éprouvée par cent de soie.	POIDS des écheveaux saturés d'eau.	PROPORTION d'eau par cent de soie saturée.
	gram.	gram.	gram.	gram.	gram.
N° 1	0,75	0,70	7,0	0,85	17,7
2	0,70	0,66	6,0	0,80	17,5
3	0,96	0,90	6,0	1,07	16,0
4	0,80	0,75	6,3	0,91	17,6
Blanc de Tours	0,76	0,70	8,0	0,87	19,6
Id. *id.*	0,66	0,61	7,6	0,76	19,8
Roux de Sauve	0,89	0,83	6,8	1,03	19,5
Sina	0,60	0,55	8,4	0,69	20,0
Soie teinte en rouge s. *cru.*	0,98	0,90	8,2	1,08	16,7
Soie teinte en bleu s. *cru.*	1,21	1,12	7,5	1,36	17,7
Soie teinte en rouge s. *cuit.*	5,67	5,33	6,0	6,30	15,4
Soie teinte en bleu s. *cuit.*	11,20	10,50	6,3	12,80	18,0
Moyennes			7,0	......	17,9

COCONS.

Sina	1,70	1,63	4,2	1,92	16,2
Sina (nourris avec addit. de riz)	1,57	1,50	4,5	1,83	18,2
Blanc de Tours	1,87	1,78	5,0	2,13	17,0
Roux de Turin	1,61	1,52	5,6	1,82	16.3
Roux de Sauve	2,21	2,07	6,4	2,52	18,0
Jaunes d'Annonay	1,71	1,62	5,3	1,95	17,0
Moyennes			5,1	......	17,1

En comparant ces résultats avec ceux de MM. Talabot, je me suis aperçu sur-le-champ qu'ils différaient entre eux sous quelques rapports et offraient sur d'autres points une ressemblance parfaite.

Ainsi je n'avais trouvé qu'une perte de 7 pour cent sur la soie prise en magasin, et MM. Talabot accusaient une perte moyenne de 10,27 pour cent.

Pour trouver la cause de cette différence, j'ai fait les essais suivants :

Dix échantillons de soie ont été pesés avec soin et mis pendant vingt-quatre heures sous la cloche desséchante. Pesés alors, ils avaient éprouvé une perte. Remis sous la cloche pendant vingt-quatre autres heures, ils n'ont plus rien perdu ; l'action du sel desséchant était donc épuisée.

Alors cinq des échantillons ont été placés au fond d'un bocal imparfaitement bouché avec intention. Le bocal, chargé avec du plomb, a été plongé dans un bain de graisse fondue, dont la température a été assez élevée pour qu'un thermomètre placé au milieu des écheveaux s'élevât à 135 degrés centigrades. On les a laissés dans cet état pendant une heure; puis on a pesé les écheveaux rapidement et avant qu'ils fussent refroidis ; ils avaient éprouvé une nouvelle perte.

Les cinq autres écheveaux ont été placés dans un bain-marie, et de manière que la vapeur d'eau ne pût pas les atteindre. Pour que l'eau s'échauffât davantage, on l'a saturée de sel. Le thermomètre centigrade, placé au milieu des écheveaux, ne s'est élevé qu'au 92e degré; les écheveaux, pesés aussi tout chauds, avaient éprouvé une perte.

Voici le tableau des deux expériences :

	POIDS des écheveaux bruts.	POIDS des écheveaux desséchés par le sel	PERTE par cent des écheveaux séchés par le sel.	POIDS des écheveaux séchés à 135° centig.	PERTE TOTALE éprouvée dans les deux dessiccations
	gram.	gram.	gram.	gram.	gram.
Blanc de Tours.........	0,90	0,85	5,6 %	0,79	12,3%
Id. *id*.........	0,71	0,68	4,3	0,64	9,9
Id. *id*..........	0,81	0,77	5,0	0,72	11,2
Id. *id*..........	0,75	0,71	5,4	0,66	12,0
Race à trois mues......	0,70	0,66	5,8	0,62	11,5
		Moyennes...	5,2	......	11,3
		Différence entre les deux moyennes...	6,1		
				à 92° c.	
Sina..................	0,90	0,86	4,5	0,81	10,0
Sina..................	1,02	0,96	5,9	0,91	10,8
Sina..................	0,90	0,85	5,6	0,80	11,2
Race à trois mues......	0,62	0,60	3,3	0,55	11,3
Id *id*..........	0,68	0,65	4,4	0,61	10,3
		Moyennes...	4,7	......	10,7
		Différence entre les deux moyennes....	6,0		

Il résulte de cette expérience,

1° Que le chlorure de calcium desséché n'enlève à la soie que la moitié environ de l'eau hygrométrique qu'elle contient, quand cette eau est dans la proportion de 10 à 11 pour cent;

2° Qu'il reste dans la soie ainsi traitée 6 pour cent d'eau;

3° Que les soies essayées dans ces expériences et prises chez moi contenaient 10 à 11 pour cent d'eau hygrométrique.

Maintenant, si nous combinons les résultats des tableaux qui précèdent, nous pourrons en tirer les conclusions suivantes :

1° Des soies grèges, conservées dans un lieu sec et même chauffé, contiennent encore en moyenne 10 à 12 pour cent d'humidité. Ce résultat, un peu plus fort seulement que celui de MM. Talabot, s'explique très-bien par la différence de saison et de climat; ces Messieurs avaient trouvé 10,27 pour cent.

2° Les mêmes soies, transportées dans un lieu très-humide, peuvent absorber encore 12 pour cent d'eau; de sorte que 100 kilogrammes peuvent peser, au bout de quelques jours, 112 kilogrammes, sur lesquels il faut déduire 22 kilogrammes pour avoir le poids réel de la soie. Ce résultat ne diffère pas non plus de celui de MM. Talabot.

3° 100 kilogrammes de soie saturée d'humidité en contiennent au moins 21 pour cent, et 26 au plus; en moyenne, 23,5.

4° Les soies des diverses races de vers diffèrent peu entre elles, quant à la quantité d'eau qu'elles peuvent absorber.

5° Les soies teintes sur *cru* se comportent comme les grèges.

6° Les soies teintes sur *cuit* n'offrent rien de particulier.

7° Il résulte cependant de ces deux derniers faits que les précautions que l'on prend pour la vente des soies grèges ne seraient pas moins utiles pour le commerce des soies teintes, puisqu'elles peuvent contenir une égale proportion d'eau.

8° Les cocons conservés dans le même lieu que les soies contenaient une moindre proportion d'eau; mais, exposés aux mêmes circonstances d'humidité, ils en ont absorbé une quantité à peu près égale.

9° Il résulte aussi de ces essais que la chaleur de 92 degrés centigrades suffit pour dessécher complétement la soie; car la chaleur de 135°, obtenue par le bain de graisse, n'a diminué la soie que de 6 millièmes de plus que celle du bain-marie, et, comme les échantillons qui avaient subi cette température élevée étaient évidemment altérés, je n'hésite pas à admettre que le résultat devait être absolument le même (1).

§ VII. *Hygrométrie de la soie cuite.*

Il me restait à déterminer si la propriété d'absorber l'eau était particulière à la soie ou à son gluten; en d'autres termes, si la soie *pure* ou *cuite* aurait la même faculté hygrométrique que la soie grège ou *crue*.

Pour m'en assurer, j'ai mis les 9 écheveaux de soie qui

(1) Mon thermomètre ne pouvait pas marquer plus de cent trente-cinq degrés; mais je pense que la température s'est élevée un instant au-dessus de ce degré, puisque plusieurs étiquettes des écheveaux étaient légèrement roussies.

avaient été dépouillés de leur gluten, dans les circonstances les plus favorables pour absorber de l'humidité. Quand l'expérience m'a démontré qu'ils en étaient saturés, je les ai pesés avec soin et soumis à une dessiccation complète dans un bain-marie dont la température s'est élevée à 95° centigrades, grâce à l'emploi de l'eau salée, qui bout à 105°. Les écheveaux ont été pesés de nouveau, tout chauds. Voici les résultats de cette expérience.

	POIDS de la soie saturée d'humidité	POIDS de la soie sèche.	PROPORTION d'eau sur 100.
	gram.	gram.	
N° 1.	0,68	0,54	21,0
2.	0,63	0,52	17,4
3.	0,82	0,67	18,3
Blanc de Tours.	0,82	0,67	18,3
Blancs de Tours, élevés en plein air.	0,58	0,47	19,0
Sina.	0,55	0,45	18,2
Sina.	0,93	0,745	20,0
Roux de Sauve.	0,80	0,64	20,0
Trois mues.	0,65	0,53	18,5
		Moyenne. . . .	18,9

Ce tableau prouve que la soie pure ou cuite possède aussi une force hygrométrique très-puissante, puisqu'elle peut contenir 18,9 pour cent d'humidité en moyenne, quand elle est saturée; mais il est évident que la soie non cuite, et par conséquent enduite de son gluten, est beaucoup plus hygrométrique, car elle absorbe en moyenne près de 24 pour cent d'humidité.

Ce fait s'accorde avec celui que j'ai observé à propos des soies teintes sur cuit qui ont exigé pour leur saturation d'humidité beaucoup plus de temps que les soies grèges.

CHAPITRE II.

PROPRIÉTÉS PHYSIQUES DE LA SOIE.

—

§ I. *Examen au microscope.*

Quand on examine un fil de soie simple ou bave, avec un microscope même d'une force très-médiocre, on voit que ce fil est loin d'être aussi homogène qu'il le paraît à l'œil nu.

On aperçoit distinctement les sutures qui sont résultées de la réunion des deux fils sortant de la double filière; elles forment deux stries ou sillons longitudinaux.

De distance en distance on rencontre des aspérités qui paraissent résulter d'un mouvement irrégulier dans la tête du ver au moment de son travail.

Le fil est transparent en partie et par places ; d'autres parties sont noires, c'est-à-dire opaques : ce sont, sans doute, celles sur lesquelles est fixé le gluten, dont la répartition n'est, par conséquent, pas uniforme.

En comparant le brin de soie simple avec un cheveu,

les caractères que je viens de décrire deviennent très-sensibles.

Le cheveu est évidemment rond; la soie a une forme irrégulière.

Le cheveu est creux; son centre comporte un canal dans lequel circule un liquide; le brin de soie paraît plein.

Enfin le cheveu n'offre d'autres aspérités que celles qui peuvent résulter de la présence, à sa surface, d'un corps étranger.

La soie, au contraire, offre des aspérités qui sont inhérentes à sa nature et de la même substance.

Mais un fait bien digne de remarque, c'est que la soie offre d'autant plus d'inégalités et d'aspérités que les cocons sont moins parfaits et ont été faits, par exemple, dans un local non chauffé,

Je tiens de l'obligeance de M. Deslongchamps quelques cocons élevés sans feu; j'ai des cocons blancs élevés en plein air par madame Millet, ma sœur; enfin j'ai rapporté de Poitiers de petits cocons jaunes d'une race dégénérée. Eh bien, le brin qu'ils fournissent est d'une irrégularité extraordinaire, et l'on y voit même un grand nombre de points dans lesquels les deux brins primitifs *ne sont pas réunis;* ils forment des espèces de boucles dans lesquelles on passerait la pointe d'une aiguille très-fine!

Le brin des cocons parfaits, au contraire, offre presque la régularité d'un cheveu, et l'on ne peut y découvrir aucune interruption dans l'adhérence des deux brins.

On ne s'attendait pas peut-être à trouver dans une observation microscopique la preuve de la nécessité des moyens artificiels conseillés pour l'éducation des vers à soie ; cependant il en paraît résulter qu'on ne saurait se dispenser de les entretenir avec soin au moment où le ver s'enferme dans son cocon, puisque le froid semble avoir tant d'influence sur la régularité de son fil.

§ II. *Divisibilité du brin de soie ou bave.*

Les observations anatomiques avaient prouvé que la soie était expulsée par deux ouvertures contiguës appelées filières. En examinant le brin considéré comme simple, il est facile de voir qu'il résulte, en effet, de la réunion de deux fils ; mais ce fait a été mis hors de doute par les expériences suivantes.

J'ai tendu, sur un petit carré en fil de fer, divers brins de soie grège à 5 cocons ; mon but était d'étudier l'action de l'eau alcaline. En conséquence, j'ai plongé le petit appareil dans cette liqueur, et j'ai fait bouillir. Quand les soies ont été lavées et séchées, je les ai examinées avec soin. Mon étonnement a été grand, en divisant les fils débouillis avec la pointe d'une aiguille, d'en trouver 10 au lieu de 5 ! Il m'a fallu répéter l'expérience deux fois, et en m'assurant de nouveau de la nature de la soie grège mise en expérience, pour ne pas croire que j'avais fait quelque erreur.

Pour acquérir une preuve incontestable de ce fait original, j'ai répété l'expérience, en plaçant sur un autre carré des brins de soie simples ou baves, enlevés à sec sur un cocon. Cette fois encore, chaque brin s'est divisé en deux par l'action de l'eau alcaline.

Il résulte de ces observations, 1° que le brin de soie réputé simple est formé de deux fils qui peuvent être séparés ;

2° Que, dans la cuite de la soie, cette séparation est opérée de telle sorte qu'une grège de 5 cocons fournit 10 brins;

3° Que la finesse du brin de soie cuite est deux fois plus grande qu'on ne le supposait;

4° Qu'il est bien important d'éviter, dans la filature du cocon, toute circonstance qui pourrait opérer la séparation des deux brins, puisqu'il en résulterait nécessairement une rupture immédiate par suite de l'excessive finesse à laquelle ils seraient réduits.

5° Les soies imparfaites doivent casser bien plus souvent que les autres à la filature, puisque, dans tous les points où l'un des brins forme une *anse*, l'effort du tour n'agit plus que sur l'autre.

§ III. *Volume de la soie.*

J'entends par là la grosseur du brin simple ou complexe, peu importe, puisque la grosseur du dernier n'est que la multiplication de la grosseur du premier.

On sait que la grosseur de la soie s'apprécie au moyen d'un compteur nommé *éprouvette*. Cet instrument porte un guindre ou dévidoir capable d'enrouler une aune de fil; on lui fait faire 400 tours, et l'écheveau obtenu est pesé avec des grains, poids de marc. Les grains prennent alors le nom de *deniers*, en sorte qu'une soie dont 400 aunes pèsent 10 grains est une soie de 10 deniers: c'est ce qu'on appelle le *titre* de la soie.

Quelques précautions sont nécessaires pour obtenir des résultats exacts avec l'éprouvette.

D'abord il faut ramener au même degré de dessiccation toutes les soies qu'on essaye. J'ai pris le parti, dans mes expériences, de les dessécher par le moyen de la cloche dont il a été déjà question.

En second lieu, il faut avoir le plus grand soin de relever exactement chaque fois la branche du guindre qui s'abaisse pour laisser tomber l'écheveau. La moindre différence dans le diamètre du guindre, en se multipliant 400 fois, occasionnerait de grandes erreurs.

Enfin il faut répartir toujours la soie de la même manière sur les lames du guindre ; car, si on faisait tantôt des écheveaux d'un centimètre de largeur, d'autres fois de deux ou trois centimètres, il en résulterait aussi des différences considérables dépendantes de l'expérimentateur.

Examinons maintenant la question de savoir si toutes les races de vers et si tous les cocons provenant d'une même éducation fournissent un brin d'une grosseur égale ; voyons si nous pourrons découvrir quelqu'une des circonstances qui auraient pu influer sur le volume de la soie.

Dans le commerce de la soie, on pense que le cocon ordinaire fournit un brin de 2 deniers $\frac{1}{2}$, c'est-à-dire dont 400 aunes pèsent 2 grains $\frac{1}{2}$.

Les cocons d'Alais fournissent un résultat un peu plus fort, 2 deniers $\frac{3}{4}$; Valleraugue, Saint-André, Saint-Hippolyte, les hautes Cévennes, en un mot, fournissent, au contraire, un titre plus faible : 2 deniers $\frac{1}{4}$.

Les cocons de M. Beauvais sont encore plus fins.

Ainsi 6 cocons d'Alais donnent 15 à 16 deniers;
6 cocons des hautes Cévennes, 13 $\frac{1}{2}$ à 15 den.;
6 cocons de M. Beauvais, 12 à 13 deniers.

Si ces renseignements sont exacts, ils sembleraient

prouver que la soie est d'autant plus fine que les éducations ont été faites avec plus de soin et dans un air plus pur; ou bien que la feuille des arbres de la montagne et celle des arbres du nord ont pour effet d'obliger le ver à produire un fil plus délié.

Mais malheureusement il est douteux que ces observations aient été faites avec tout le soin désirable, et surtout sur les mêmes espèces de cocons; il me paraît donc nécessaire d'y revenir. Je ne prétends pas résoudre la question dès à présent, mais les faits que je vais rapporter seront au moins un premier élément pour l'éclairer.

J'ai pris quelques cocons de toutes les espèces que j'avais à ma disposition, et je les ai dévidés *un à un*, de manière à former des écheveaux de 1,200 aunes : c'était un premier moyen d'avoir des moyennes.

J'ai eu soin de prendre le bout aussitôt qu'il était *net*, et de le poursuivre le plus loin possible, afin d'avoir toutes les parties du fil dont la grosseur n'est pas la même dans toute son étendue. C'est un fait connu.

Cette *épreuve* a été répétée plusieurs fois pour chaque variété. J'ai fait sécher tous les écheveaux au même degré, et c'est alors seulement qu'ils ont été pesés. Voici les résultats de ces nombreux essais :

ESPÈCES DE COCONS ESSAYÉS.	POIDS en grains des 1,200 aunes.	POIDS décimal des 1,200 aunes.	TITRE moyen du brin simple en deniers.	TITRE moyen décimal du brin simple.
	gr. 16es.	grammes.		grammes.
1. Grosse race blanche de Sauve. 400 au kilogramme.	9 " 9 "	0,480 0,480	3	0,160
2. Grosse race rousse de Sauve.. 340 au kilogramme.	7 6 8 10 8 10 8 12	0,390 0,450 0,450 0,460	2 12/16	0,146
3. Petite race jaune dégénérée...	7 10 8 2 8 10	0,400 0,430 0,450	2 11/16	0,142
4. Race blanche de Tours....... éducation de Poitiers. 460 au kilogramme.	6 8 7 " 7 6 7 8 9 8 9 8 9 6 7 6 7 4	0,350 0,370 0,380 0,400 0,510 0,510 0,500 0,390 0,380	2 10/16	0,140
5. Race blanche de Tours, élevée au mûrier noir; éducation de Poitiers. 480 au kilog.	7 " 7 8 7 14	0,370 0,390 0,420	2 9/16	0,133
6. Sina, race d'Annonay....... éducation de Poitiers. 532 au kilogramme.	7 " 7 8 7 10 8 4	0,370 0,400 0,410 0,440	2 8/16	0,133
7. Sina, éducation de Poitiers.. 520 au kilogramme.	6 10 7 6 7 12 8 "	0,360 0,380 0,410 0,420	2 7/16	0,130
8. Sina, élevé sans feu........	7 8	0,400	2 8/16	0,130
9. Sina, éducation des environs de Paris.	6 4 7 8 7 8	0,330 0,400 0,400	2 5/16	0,123
10. Grosse race rousse, sans feu.	7 4	0,380	2 6/16	0,123
11. Race blanche de Tours, élevée en plein air. 640 au kilogramme.	6 8 7 6 7 7	0,350 0,380 0,390	2 5/16	0,123
12. Sina, élevé avec le mûrier noir aux environs de Paris.	6 " 6 4 7 8	0,320 0,340 0,400	2 3/16	0,117
13. Petite race jaune, sans feu...	6 8	0,350	2 3/16	0,116
14. Race jaune à trois mues...... éducation de Poitiers. 670 au kilogramme.	5 " 5 4 6 6 7 "	0,270 0,280 0,340 0,370	1 15/16	0,103
15. Petite race jaune d'Italie..... éducation des environs de Paris.	5 " 5 10 6 "	0,260 0,300 0,320	1 13/16	0,097
16. Race blanche de Tours, *gros cocons*......................	6 14	0,360	2 5/16	0,120
17. Race blanche de Tours, *petits cocons*.....................	5 12	0,300	1 15/16	0,100

La première observation que je ferai à l'occasion de ce tableau portera sur l'extrême difficulté d'obtenir des résultats comparables dans des essais de ce genre. Rien n'a été négligé pour écarter les circonstances capables de faire varier les résultats d'une manière accidentelle et indépendante de la nature même des cocons, et cependant on voit que la moyenne est quelquefois le produit d'extrêmes assez éloignés; aussi ai-je multiplié les essais toutes les fois que ce dernier cas s'est présenté. Quand je n'ai fait qu'une épreuve, c'est que les cocons me manquaient pour en faire un plus grand nombre.

Voyons maintenant quelles conséquences on peut tirer de cette masse d'épreuves.

La plus importante de toutes me paraît être celle-ci : la finesse du brin de soie est en raison de la petitesse du cocon; en d'autres termes, il y a un rapport évident entre le volume du brin de soie et celui du cocon dont il est extrait, de telle sorte que le brin est d'autant plus fin que le cocon est plus petit.

Non-seulement cette règle s'applique aux races comparées entre elles, mais encore aux cocons d'une même race devenus plus petits par une circonstance quelconque.

On voit que les cocons ont été rangés, dans le tableau, dans l'ordre donné par la grosseur du brin, de manière que la race qui a fourni la plus grosse soie a le n° 1, et la race qui a présenté la plus fine, le n° 15.

Or voici le nombre de ces cocons au kilogramme, du moins pour ceux qui ont pu être comptés de cette façon :

N° 1. 400 au kilogramme; titre décimal 0,160

N° 2. 340	au kilogramme;	titre décimal	0,146
4. 460	id.	id.	0,140
5. 480	id.	id.	0,133
6. 532	id.	id.	0,133
7. 520	id.	id.	0,130
11. 640	id.	id.	0,123
14. 670	id.	id.	0,103

On voit, par ce rapprochement, que le titre diminue à mesure que le nombre des cocons augmente, c'est-à-dire à mesure qu'ils sont plus petits.

Mettons en regard maintenant des cocons de la même race dont le volume et le poids ont été altérés par un changement de régime.

	Au kilog.	Titre.
N° 4. Race de Tours, élevée dans la magnanerie	460	0,140
5. Même race élevée au mûrier noir........	480	0,133
11. Même race élevée en plein air.........	640	0,123

AUTRE EXEMPLE :

9. Sina élevés avec le mûrier blanc.................	0,123
12. Sina élevés avec le mûrier noir.................	0,117

Il ressort encore de ces rapprochements que la soie est devenue plus fine à mesure que les cocons produits ont diminué de volume par une altération dans leur régime.

Enfin une dernière remarque mettra, ce me semble, ce fait hors de doute. Dans les cocons de la race de Tours, j'en ai choisi deux très-gros; leur titre s'est trouvé être de 0,120 ou 2 $\frac{5}{16}$.

Quatre des plus petits ont donné, au contraire, 0,100 ou 1 $\frac{5}{16}$.

Avant d'avoir fait le tableau duquel découlent ces conséquences, j'avais cherché à reconnaître d'où pouvaient provenir les différences assez grandes que présentaient des écheveaux faits avec les mêmes cocons, et supposant qu'elles étaient dues à ce que les cocons d'une même race et d'une même éducation n'étaient pas tous pareils quant à la grosseur du brin, j'avais fait avec chaque race, en dévidant séparément trois cocons pris au hasard, trois écheveaux de 400 aunes chacun. Voici les résultats de ces essais :

	Titre décimal des écheveaux.		
Race de Tours.	0,100	0,130	0,130
La même élevée en plein air . . .	0,100	0,110	0,120
La même élevée au mûrier noir. .	0,100	0,110	0,110
Sina..	0,145	0,150	0,160
Race à trois mues.	0,090	0,090	0,120
Race jaune d'Italie.	0,100	0,120	0,120

On voit, par ce tableau, que j'avais trouvé bien peu de cocons dont le titre fût pareil, et cela m'expliquait pourquoi j'avais eu, dans la race de Tours, par exemple, des brins de 7 deniers (les 1,200 aunes) et d'autres de 9 $\frac{8}{16}$.

Pour rendre plus sensible encore, en parlant aux yeux, le fait général que je viens d'énoncer, j'ai dessiné trois cocons de chacune des races dont j'avais encore des échantillons. J'ai employé un procédé fort simple : avec un bistouri à lame mince et bien affilé, j'ai divisé le cocon en deux parties égales dans le sens de sa longueur ; puis j'ai appliqué l'une des moitiés sur une feuille de papier. Il m'a suffi alors de tracer le contour avec un crayon pour avoir une figure très-exacte de chaque cocon. Je me suis efforcé de donner quelque valeur à ce tableau en choisissant, pour chaque race, un gros, un moyen et un petit cocon. J'ai écarté ceux qui faisaient évidemment exception (planches I et II). Il me semble que l'aspect de ce tableau vient confirmer encore le principe général avancé.

Enfin, pour ne laisser aucun doute sur ce fait intéressant et susceptible d'applications importantes, j'ai cherché un moyen d'apprécier avec une certaine exactitude le volume des cocons; voici celui que j'ai employé :

Sur une règle de bois, j'ai fixé deux petits tasseaux à la distance d'un mètre; puis j'ai rempli l'intervalle avec des cocons. Dans le premier cas (planche II, fig. 2), je les ai placés de manière que leur grand diamètre fût perpendiculaire à la règle, c'est-à-dire côte à côte, pour ainsi dire.

Dans le second cas (fig. 1), j'ai mis les cocons bouts à bouts, de manière que leur grand diamètre fût parallèle aux côtés de la règle. J'ai compté les cocons réunis ainsi, et pris la moyenne des deux nombres; il en est résulté un nombre proportionnel à leurs volumes respectifs.

Voici le tableau de ces essais :

	NOMBRE DES COCONS PLACÉS SUR 1 MÈTRE.			Nombre des cocons au kilo.
	Côte à côte.	Bouts à bouts.	Moyenne	
N° 1. Blanc de Sauve.	44	27	35,5	400
2. Roux de Sauve.	40	24	32,0	340
4 Blanc de Tours.	51	27	39,0	460
5. — nourri au mûrier noir.	55	29	42,0	480
6. Sina d'Annonay	50	29	40,0	532
7. Sina de Poitiers.. . . .	52	29	40,5	520
9. Sina de Paris, M. Pajot.	52	29	40,5	»
11. Blanc de Tours, en plein air..	60	31	45,5	640
12. Sina au mûrier noir, M. Pajot..	52	29	40,5	»
14. Race à trois mues. . . .	58	32	45,0	670
15. Race jaune d'Italie. . .	63	33	48,0	»

Il résulte de ce tableau une nouvelle confirmation du principe énoncé plus haut, surtout si on rapproche les variétés obtenues de la même race. Il est bon de rappeler que les cocons sont placés ici dans l'ordre donné par le titre du brin. On remarquera que cet ordre est respecté, à peu de chose près, par le calcul des volumes des cocons. Il ressort aussi de ce tableau que le volume des cocons n'est pas toujours en rapport direct avec leur poids.

Reprenons maintenant l'examen des conséquences qui découlent du grand tableau de la page 18, sur le titre comparé des brins simples.

J'ai fait remarquer plus haut que les éducations négligées donnent un brin de soie irrégulier dans sa forme ; il faut ajouter qu'elles le donnent aussi plus fin. Cependant on remarquera dans le tableau que les cocons n° 3, qui sont tout à fait défectueux, donnent un brin assez fort ; mais si ces cocons sont de la race rousse du Languedoc, qui a dépéri dans des mains inexpérimentées, on voit qu'ils n'impliquent pas contradiction avec le principe, puisque leur brin est plus faible que celui de cette race.

Si je ne me trompe, on avait cru jusqu'à présent que les soies des mauvais cocons péchaient par le *défaut de nerf*. Il résulterait de mes observations qu'elles sont défectueuses par leur *irrégularité* et leur trop *grande finesse*.

Reportons-nous maintenant à ce qui est généralement admis sur la différence des titres. Je le répète :

6 cocons d'Alais donnent 15 à 16.
6 — des hautes Cévennes 13 1/2 à 15.
6 — de M. Beauvais, 12 à 13.

Pour que ces faits ne contredisent pas ce que j'ai avancé plus haut, il faut que les cocons d'Alais, ou de la plaine, soient plus gros que ceux de la montagne, et que ceux de M. Beauvais soient plus petits que les uns et les autres. Or je crois qu'il en est ainsi ; seulement, ces cocons, bien que plus petits, sont meilleurs que les gros, parce qu'ils ne doivent pas ce moindre volume à un dépérissement, mais à d'autres causes qu'il n'est pas temps de rechercher en ce moment.

Je ferai une dernière remarque sur le tableau. Il paraît que les races jaunes donnent un brin plus fin que les races blanches. Cela était déjà connu, m'a-t-on dit; à présent, cela paraît prouvé.

Je me demande maintenant si on ne pouvait pas prévoir la conséquence principale du tableau. N'était-il pas naturel de penser que les petits cocons, provenant d'un ver moins gros, devaient aussi être formés d'une soie plus fine? Comment supposer que des insectes de la même race et plus petits n'avaient pas des filières proportionnées à leur volume? Ce que j'ignorais est peut-être connu d'un grand nombre de personnes; mais elles ne l'ont pas écrit, du moins, à ma connaissance.

Quant aux applications qu'il conviendra de faire de ce fait à la pratique de l'art, j'y reviendrai plus tard, quand j'aurai déterminé les qualités respectives des soies fournies par différentes races et variétés.

§ IV. *Différence du titre dans le brin d'un même cocon.*

Tous les filateurs savent que le brin n'est pas d'une grosseur égale dans toute sa longueur, et qu'il devient d'autant plus fin, qu'il approche davantage du centre du cocon. J'ai voulu m'assurer de ce fait, et déterminer la différence en faisant quelques essais; ils devaient aussi m'apprendre la longueur du brin dévidable des cocons soumis à cette épreuve.

Voici les résultats obtenus :

	TITRES des 1ers écheveaux de 400 aunes,			MOYENNES.	TITRES des 2es écheveaux calculés pour 400 aunes,			MOYENNES.	Longueur totale du brin dévidable.
	en deniers.		décimal.		en deniers.		décimal.		
	gr.	16es.	gram.	gram.	gr.	16es.	gram.	grain.	mètres.
Roux de Sauve.....	2	12	0,15	0,157	3		0,16	0,170	950
	4	»	0,21		4	12	0,24		843
	2	2	0,11		2	4	0,11		1,256
Blanc de Tours.....	3	4	0,18	0,160	3	.	0,16	0,123	950
	3	4	0,18		2	2	0,11		849
	2	6	0,12		2		0,10		755
Sina.............	2	8	0,14	0,150	1	8	0,09	0,115	735
	2	12	0,15		2	8	0,14		778
	3	»	0,16		»		»		600
Trois mues........	2	14	0,15	0,140	2	6	0,12	0,100	643
	2	8	0,14		2	»	0,10		607
	2	7	0,13		1	8	0,08		708
Jaune d'Italie......	2	»	0,10	0,092	1	»	0,06	0,060	743
	1	8	0,08		»		»		»
	2	2	0,11		1		0,06		578

Il résulte de ce tableau :

1° Qu'en effet le brin de soie diminue de volume à mesure qu'il se rapproche du centre du cocon ; ou, en d'autres termes, qu'en commençant son cocon le ver file plus gros qu'en le finissant.

2° Cette différence est quelquefois de moitié ; d'autres fois, elle est peu sensible.

3° Certains gros cocons ont un fil *dévidable* de plus de 1,250 mètres, ou près de 4,000 pieds ; il est probable que la portion trop fine ou plutôt trop agglutinée pour être dévidée donnerait le complément de 4,000 pieds.

Le cocon de Sauve, porté au tableau comme ayant fourni 1,256 mètres de soie, avait donné un troisième écheveau de 265 aunes au titre de 1 8/16 ou 0,92, calculé pour 400 aunes. Or, comme le premier avait le titre de 2 1/6 et le second celui de 2 4/16, on pourrait penser que ce résultat est une preuve de la croyance commune d'après laquelle la soie de la surface du cocon serait aussi plus fine que celle du milieu. Au reste, les deux autres épreuves faites sur cette espèce de cocons confirment aussi cette croyance.

Qu'il me soit permis de placer ici une remarque plutôt curieuse qu'utile ; on me la pardonnera, j'espère.

Quelques auteurs ont répété, à propos du va-et-vient de Vaucanson, que ce mécanisme est le *nec plus ultra* de l'intelligence humaine, puisqu'il fait faire à la soie, avant qu'elle revienne au même point, un nombre de révolutions égal à celui des contours que le ver lui donne dans son cocon. Je ne m'arrêterai pas à prouver le ridicule de cette assertion, mais voici quelques données un peu plus fondées.

Un gros cocon est formé d'un fil qui n'a pas moins de 1,500 mètres de longueur ; on sait que le ver le dépose en zigzags arrondis, par un mouvement continu de va-et-vient qu'il donne à sa tête.

Or, si chacun de ces mouvements dépose un demi-centimètre de fil, il s'ensuit qu'il faut que le ver fasse 300,000 mouvements pour le former tout entier, et, s'il met 72 heures à ce travail, c'est 100,000 mouvements de va-et-vient par 24 heures, 4,166 par heure, 69 par minute, et un peu plus d'un par seconde. Je ne manquerai pas, à la première occasion, d'observer un ver à soie filant son cocon, la montre à secondes à la main !

§ V. *Élasticité et ductilité de la soie* (1).

L'élasticité est la propriété qu'a un corps de reprendre sa forme primitive altérée momentanément par une pression ou une traction.

La soie est-elle élastique ? Cette question semble résolue par l'opinion générale. Examinons.

Suspendons un fil de soie grège à un point fixe F (planche III, figure 1) ; à son extrémité inférieure, attachons un petit vase très-léger G, capable de recevoir des poids ; ce petit vase portera une aiguille horizontale qui glissera sur une échelle métrique, de manière à rendre sensible l'allongement successif du fil.

Chargeons le petit plateau jusqu'à ce que le fil casse,

(1) On lit ce qui suit, page 73 du Rapport fait par M. Loiseleur-Deslongchamps sur la culture du mûrier et les éducations de vers à soie dans les environs de Paris en 1836.

« La troisième opération qui a été pratiquée a consisté à mesurer « l'élasticité des différentes soies, chose qui n'avait jamais été faite, « que nous sachions, et qui nous a paru cependant être d'un grand « intérêt, puisque ce n'est que d'après cette élasticité qu'on peut « réellement juger de la force des soies. Cette élasticité estimée en « centièmes a été établie sur la mesure d'un mètre dont l'étendue « était prolongée et graduée en centimètres. Chaque brin de soie a « d'abord été tendu, avec les précautions convenables, sur la mesure « graduée jusqu'à cent ; ensuite le même fil a été tiré jusqu'à ce « qu'il se rompit, et l'on a noté exactement, dans une colonne du « tableau d'expertise, de combien de centimètres chaque brin avait « pu se distendre avant de casser. »

L'expertise d'où cette note est tirée avait été faite par MM. Delbare père, Paroissien et Boucher. Je devais m'empresser de rendre justice à l'heureuse idée de ces messieurs, avant de chercher à en tirer parti.

en faisant couler du sable fin par une très-petite ouverture faite à une boîte qui en est remplie. Voici ce que nous observons.

Si le fil n'a que 50 centimètres, il faudra ajouter un certain nombre de grammes de sable avant d'observer un allongement quelconque.

Si le fil a un mètre de longueur, l'allongement se manifestera sous l'influence d'un moindre poids.

Enfin, si le fil a 2 mètres de développement, l'allongement sera sensible au moindre poids qu'on placera dans le plateau.

Ceci prouve que l'allongement commence aussitôt que la soie est tendue par le plus faible poids, mais que, cet allongement étant alors très-peu considérable, il faut agir sur un fil très-long pour qu'il soit sensible pour l'observateur.

Poursuivons l'expérience en continuant d'ajouter des poids. L'allongement est d'abord lent et régulier; il marche avec uniformité; mais, quand il a atteint une certaine étendue, il devient plus rapide jusqu'à ce que le fil se rompe.

Ce phénomène est facile à comprendre. A mesure que le fil s'allonge, il devient plus faible, et le poids devenant toujours plus fort par l'addition continuelle de nouveau sable, deux causes concourent à accélérer l'extension.

Si on interrompt l'addition du sable, l'allongement continue encore. Si le poids du sable est suffisant, il produit la rupture du fil au bout de quelques secondes.

Si, au contraire, le poids est insuffisant, l'allongement cesse et l'aiguille indicatrice reste stationnaire.

Supposons maintenant qu'ayant acquis par l'expérience la preuve qu'une soie d'un mètre peut s'allonger de 10 centimètres sans casser, nous effectuerons cet allongement, et, au moment où il sera accompli, nous soustrairons tout à coup le poids qui l'aura déterminé; alors le fil remontera le petit plateau d'un certain nombre de centimètres, en vertu de son *élasticité*. Citons des faits.

Un fil de soie grège jaune a été tendu sur 50 centimètres de longueur; on a ajouté du sable de manière à obtenir un allongement de 5 centimèt. ou 10 pour cent.

Le fil déchargé de ce poids est remonté dans trois expériences, de 25 millimètres, de 30 millimètres, de 24 millimètres.

Trois autres essais ont été faits avec une soie grège blanche tendue sur un mètre de longueur. On a déterminé un allongement de 10 centimètres ou 10 pour cent. Dans les trois expériences, la soie est remontée de 5 centimètres.

L'uniformité de ces résultats m'a dispensé de faire un plus grand nombre d'essais. On peut en conclure :

1° Que la soie est élastique;

2° Que son élasticité est assez forte pour réduire de moitié l'allongement qu'elle a subi.

Mais il est évident que la soie n'est pas seulement *élastique*, et qu'elle est aussi *ductile*, c'est-à-dire qu'elle est susceptible de *s'allonger et de conserver cet allongement.*

Je me suis demandé si, dans l'allongement d'un fil de soie, les deux propriétés étaient simultanément mises en action; pour m'en assurer, j'ai fait les trois expériences suivantes :

Un fil de soie grège blanche a été tendu sur un mètre de longueur ; mais, au lieu de déterminer un allongement de 10 centimètres, je me suis arrêté à 5 centimètres, espérant que la soie déchargée de son poids à ce moment remonterait l'aiguille au point de départ : il n'en a rien été, cependant.

Dans les trois essais, l'aiguille est remontée de 34, 35 et 34 millimètres, c'est-à-dire dans une proportion plus forte que lors d'un allongement plus considérable, ce qui prouve que l'élasticité concourt d'abord à l'allongement du fil dans une proportion plus forte que la ductilité ; mais, si on continue la traction, alors la ductilité est mise à profit, et le fil ne revient plus autant sur lui-même au moment où l'on retire les poids.

J'ai voulu m'assurer si l'humidité modifierait l'élasticité et la ductilité de la soie. En conséquence, j'ai fait les expériences comparatives suivantes. Dans les unes, la soie a été éprouvée sèche ; dans les autres, on a enroulé légèrement, autour du fil de soie, un fil de coton mouillé, afin d'entretenir l'humidité pendant l'expérience. On se rappelle avec quelle rapidité sèche un fil de soie mouillé dans toute sa longueur. Il est bien entendu que le fil de coton était libre par ses deux bouts et ne pouvait mettre obstacle à l'allongement de la soie ; celle-ci avait un mètre de longueur,

ALLONGEMENT éprouvé par la soie sèche.	ALLONGEMENT éprouvé par la soie humide.
Mètre.	Mètre.
0,187	0,200
0,193	0,190
0,150	0,180
0,125	0,210
0,172	0,175
» »	0,210
Moyenne. . 0,147	Moyenne. . 0,194

Il résulte de ce tableau que l'humidité a augmenté la faculté qu'a la soie de s'allonger, puisque, sèche, elle ne s'est allongée que de 14,7 pour cent, et, humide, de 19,4.

§ VI. *Élasticité et ductilité des fils de soie de différentes longueurs.*

Il m'a paru qu'il serait curieux de s'assurer si la propriété qu'a la soie de s'allonger se conserverait proportionnellement dans des fils de différentes longueurs, et bien qu'elles fussent doublées et quadruplées. Voici, parmi un grand nombre d'autres, quelques essais qui pourront éclairer cette question.

ALLONGEMENT du fil de 50 centim.	ALLONGEMENT du fil de 1 mètre.	ALLONGEMENT du fil de 2 mètres.
Millimètres.	Millimètres.	Millimètres.
34	118	234
52	130	224
75	129	272
55	130	311
76	127	311
62	118	
68		
78		
36		
37		
Moyenne 57 ou 11,4 p. o/o	125 ou 12,5 p. o/o.	270 ou 13,5 p. o/o.

Il résulte de ces expériences et d'un très-grand nombre d'autres que je citerai ailleurs, mais qui les confirment, que la soie conserve proportionnellement sa ductilité et son élasticité même en doublant et quadruplant la longueur du fil. Seulement, ainsi que je l'ai fait observer au commencement de ce chapitre, l'allongement se manifeste plutôt dans un fil long que dans un fil court.

Il semblerait même résulter du tableau précédent que les propriétés en question vont en augmentant à mesure que le fil est éprouvé sur une plus grande longueur, puisque, sur un demi-mètre, j'ai eu 11,4 pour cent, 12,5 sur un mètre, et 13,5 pour cent sur le fil de 2 mètres.

Voici d'autres résultats dont quelques-uns confirment cette idée, contredite d'ailleurs par plusieurs autres.

	ALLONGEMENT sur 50 cent. : moyennes de 10 essais.	ALLONGEMENT sur 1 mètre : moyennes de 5 essais.
N° 1	10,9 pour c.	16,0 pour c.
N° 2	10,6	12,4
N° 3	10,0	12,1
N° 4	12,0	12,4
Blanc de Tours	11,4	12,0
Sina	12,2	15,1
Blanc de Tours, élevé en plein air	16,8	17,0
Roux de Sauve	15,9	14,7
Trois mues	15,9	12,9

Quoi qu'il en soit, et en supposant que l'élasticité reste la même, il ne résulte pas moins de cette observation une donnée extrêmement importante pour les industriels, savoir :

Qu'il n'y a aucun inconvénient à agir sur des fils très-longs, puisqu'ils ne sont pas plus exposés à rompre que des fils courts, et qu'ils peuvent supporter les mêmes efforts de traction.

Si je ne me trompe, beaucoup de personnes auraient été d'un avis contraire, si on leur avait soumis la question.

D'un autre côté, il résulte, de la connaissance que nous

venons d'acquérir de la *ductilité* de la soie, cette considération importante, que les fils soumis à un allongement quelconque ne reviennent que de 50 pour cent environ à leur longueur primitive, et sont affaiblis proportionnellement à l'extension qu'ils ont subie.

Cette considération devra influer beaucoup sur le choix du procédé de filature, puisque la soie humide est encore plus extensible que la soie sèche, et qu'une fois arrivée sur le guindre elle s'y trouve fixée de manière à conserver l'allongement et, par conséquent, l'affaiblissement qu'elle a subis.

Je reviendrai sur ces considérations à propos des procédés de filature; il me suffit, pour le moment, d'avoir démontré que les expériences que je viens de décrire doivent avoir des conséquences pratiques.

§ VII. *Ténacité de la soie.*

On appelle *ténacité* la faculté qu'ont les corps de résister aux efforts qui tendent à les rompre. La ténacité d'un fil se mesure par la détermination du poids qui le fait casser. On arrive à ce résultat, soit par l'emploi des poids suspendus directement à l'extrémité inférieure d'un fil tendu, soit par l'emploi d'un ressort dont la force a été déterminée d'avance. J'ai employé l'un et l'autre moyen.

On se rappelle l'appareil employé pour apprécier la ductilité et l'élasticité des soies (planche III, fig. 1). On conçoit qu'en prenant soin de peser chaque fois le sable qu'il avait fallu ajouter dans le petit plateau pour faire rompre le fil on devait arriver, en multipliant les épreuves, à la connaissance du poids moyen que chaque espèce de soie pouvait porter. Cependant, pour obtenir quelques données exactes à cet égard, j'ai opéré de la manière suivante :

J'ai tendu sur la planchette un fil de soie de 6 cocons, d'un mètre de longueur ; puis j'ai ajouté du sable dans le petit plateau jusqu'à ce que le fil eût éprouvé un allongement de 5 centimètres. Alors j'ai attendu qu'il cessât de s'allonger sous l'influence de ce premier poids. Ensuite j'ai ajouté un peu de sable pour obtenir un nouvel allongement de 1 centimètre, et j'ai attendu. En réitérant ainsi les additions de sable, j'ai obtenu les résultats suivants dans cinq expériences :

POIDS DÉFINITIF qui a déterminé la rupture.	ALLONGEMENT obtenu sur 1 mètre.
51,90 grammes.	155 millimètres.
48,20	150
51,10	190
54,00	180
50,10	155
Moyenne, 51,06 grammes.	Moyenne, 166 millimètres.

Il résulte de ces épreuves que la soie de 6 cocons employée dans l'expérience peut porter, sans se rompre, un poids de 50 grammes environ, et que celui de 51 grammes a déterminé sa rupture.

J'ai dû m'assurer si la ténacité des soies varierait avec la longueur du fil. Voici quelques-uns des essais faits dans ce but :

FIL DE 50 CENTIMÈT.	FIL DE 1 MÈTRE.	FIL DE 2 MÈTRES.
Poids qui l'a fait casser.	Poids qui l'a fait casser.	Poids qui l'a fait casser.
grammes.	grammes.	grammes.
33,00	36,00	30,00
36,20	37,50	33,00
43,05	36,50	37,00
37,50	40,00	40,00
44,00	37,00	40,00
40,00	35,00	»
38,70	»	»
43,50	»	»
30,50	»	»
33,00	»	»
37,94	37,00	36,00

Voici d'autres résultats que je ne détaillerai pas, dans la crainte de trop allonger ce travail. Les moyennes sur les fils de 50 centimètres ont été obtenues par 10 épreuves ; les moyennes d'un mètre, par 5 épreuves.

SOIES.	FIL de 50 centim., poids qui l'a fait casser.	FIL de 1 mètre, poids qui l'a fait casser.
	grammes.	grammes.
N° 1.	45,98	47,46
2.	30,93	36,14
3.	45,54	48,50
4.	41,02	40,80
Blanc de Tours; résultats détaillés ci-dessus. . .	37,94	37,00
Idem, élevé en plein air. .	43,70	50,36
Sina.	33,60	36,52
Sina taché.	35,36	31,48
Roux de Sauve.	49,89	48,50
Troies mues.	46,30	43,28
Moyennes. . . .	41,02	42,00

Les résultats de ce tableau, qui sont les moyennes de 150 expériences, me paraissent prouver que la ténacité de la soie est la même dans des fils de différentes longueurs, et que, si l'on trouve quelques différences, elles doivent être attribuées à la difficulté d'avoir toujours du fil sans défauts. Or il ne s'agit pas ici des défectuosités résultant du procédé de filature, mais bien des propriétés d'une soie homogène dans toutes ses parties.

Il me restait à apprendre si l'humidité aurait, sur la ténacité de la soie, une influence analogue ou contraire à celle qu'elle exerce sur sa ductilité. Pour m'en assurer, j'ai mouillé le fil de soie soumis à l'expérience par le procédé décrit plus haut. Voici les résultats de 6 épreuves.

POIDS qui ont fait casser la soie sèche.	POIDS qui ont fait casser la soie humide.
grammes.	grammes.
53,80	43,30
42,30	38,90
50,60	37,40
45,00	37,50
50,80	35,70
»	35,30
Moyennes (en 5). 48,50	38,00

On voit que l'humidité a diminué la force ou la ténacité de la soie ; elle avait, au contraire, augmenté sa ductilité. Ces deux résultats s'accordent parfaitement avec la théorie.

§ VIII. Résumé. — *Propriétés générales de la soie.*

Il est temps de résumer les diverses parties de cette première partie, en réunissant toutes les conséquences qui en découlent ; ces conséquences formeront une sorte de traité abrégé des propriétés chimiques et physiques de la soie.

1° La soie non préparée, et telle que le ver l'a filée pour former son cocon, est enduite d'une légère couche de cire ou corps gras.

2° Elle ne fournit à l'eau bouillante qu'une petite quantité de matière animale dont la proportion est de 4,5 pour 100 des cocons séparés des chrysalides.

3° La soie est recouverte d'un enduit de nature glutineuse qui donne aux fils de soie la propriété de se coller entre eux.

4° Le gluten de la soie forme la cinquième partie environ de son poids.

5° Ce gluten est absolument insoluble dans l'eau et ne se détache pas de la soie pendant le tirage des cocons.

6° La soie, dépouillée ou non de son gluten, est très-hygrométrique et s'allonge par l'absorption de l'humidité.

7° Elle contient ordinairement 10 à 12 pour 100 d'eau, et peut en absorber 21 à 26 pour 100 à l'état de grège.

8° Les soies cuites et les soies teintes sur cuit jouissent des mêmes propriétés sous ce rapport, avec cette différence qu'elles absorbent moins d'eau, 18 à 21 pour 100.

9° La chaleur du bain-marie suffit pour dessécher complétement la soie.

10° Le brin de soie simple ou bave résulte de l'agglutination de deux fils qui peuvent être séparés et dont la suture est visible au microscope.

11° Les inégalités et imperfections du brin de soie simple sont d'autant plus sensibles que le cocon est d'une plus mauvaise qualité.

12° Dans la cuite des soies, le brin se divise de manière qu'une soie de 5 cocons fournit 10 brins.

13° La finesse du brin de soie dépend du volume du cocon, de telle sorte que les gros cocons fournissent un brin plus fort que les petits. Cette règle est commune aux races et aux variétés comparées entre elles.

14° Dans les cocons d'une même race et d'une même éducation, la grosseur du brin est en rapport constant avec le volume du cocon.

15° A volume égal, les races jaunes semblent donner un brin plus fin que les races blanches.

16° La soie qui est à la surface du cocon est plus grosse que celle qu'elle recouvre; le brin va en diminuant à mesure qu'il se rapproche de la surface interne du cocon. Cette différence peut être de moitié.

17° La soie est élastique; elle est ductile. Ces deux propriétés se suivent proportionnellement.

18° L'élasticité de la soie est assez puissante pour réduire de moitié l'allongement qu'elle a subi.

19° L'élasticité et la ductilité de la soie restent les mêmes, quelle que soit la longueur du brin de soie, au moins dans les limites expérimentées.

20° L'humidité augmente la ductilité de la soie.

21° La ténacité de la soie lui permet de supporter un poids considérable, eu égard à sa finesse.

22° Cette ténacité est la même dans deux fils de différentes longueurs.

23° L'humidité diminue sensiblement la ténacité de la soie.

DEUXIÈME PARTIE.

COMPARAISON DES SOIES.

Après avoir déterminé, le mieux qu'il m'était possible, les propriétés générales de la soie, il devenait du plus haut intérêt de comparer entre elles les diverses soies que j'avais à ma disposition, afin de reconnaître si toutes possédaient ces propriétés au même degré.

Pour résoudre cette question, il convenait d'étudier les soies sous plusieurs rapports :

1° Dans les diverses races de vers ;

2° Dans la même race, soumise à différents régimes ou systèmes d'éducation ;

3° Sous le point de vue de l'influence du climat ;

4° Sous le rapport des procédés de filature.

Je vais donc reprendre une à une celles des propriétés de la soie qui sont susceptibles de varier, et voir comment elles se présenteront dans les différentes espèces que j'ai pu examiner.

CHAPITRE PREMIER.

PROPRIÉTÉS CHIMIQUES.

---

§ I. *Gluten de la soie.*

Il était extrêmement probable que les proportions de gluten varieraient dans les soies, non-seulement parce qu'il n'y a pas de raison pour que la couche de cette substance dont la soie est enduite soit toujours pareille, mais encore parce que les manipulations auxquelles on la soumet doivent en détacher une partie.

Ainsi on sait que les personnes qui achètent des soies ont l'habitude de comprimer avec vivacité dans la main un écheveau ployé en deux : il s'en dégage à l'instant un nuage de poussière plus ou moins considérable ; cette poussière est évidemment du gluten qui se brise et se détache en parcelles très-fines. Il me semble qu'on se tromperait étrangement si on rejetait comme inférieure une soie qui donnerait, par cette pratique, un nuage abondant de poussière; car il sera *d'autant plus considérable que la soie sera plus sèche.* Une soie humide n'en donnera pas du tout; et, quant à la connaissance qu'on pourrait acquérir des proportions de ce gluten par l'expérience en question, il est évident qu'elle serait très-imparfaite, puisque des essais de la plus grande exactitude suffisent à peine pour acquérir cette connaissance. Mais voici ce que nous pouvons en conclure : Dans les ouvraisons de la soie, lorsqu'on la travaille sèche, elle doit perdre une partie de son gluten, et une fois ouvrée, elle doit perdre moins à la cuite que les soies grèges sur lesquelles j'ai fait mes essais.

Reportons-nous maintenant au tableau de la page 8, dans lequel sont indiquées les proportions de gluten contenues dans différentes soies.

Nous y verrons :

1° Que les soies n°s 1, 2, 3, qui sont de la race blanche de Tours, n'ont pas fourni les mêmes proportions de gluten. Un autre échantillon de blanc de Tours, filé à la manière ordinaire, et la soie de la même race élevée en plein air, ont aussi fourni des proportions différentes. Les deux espèces de soie jaune n'offrent pas plus de similitude. Enfin deux échantillons de sina n'ont présenté qu'un demi pour cent de différence, ce qui prouve que l'expérience a été bien faite.

2° Il est évident que les proportions de gluten sont variables, et qu'il serait d'un grand intérêt pour le commerce de les connaître, puisqu'elles peuvent causer des variations de 5 et demi pour 100 dans la cuisson des soies.

3° Le petit nombre d'essais que j'ai pu faire ne me permet pas d'apprécier, quant à présent, l'influence, sur la proportion de gluten, de la race des vers, du régime, du climat, et des procédés. Mais si la détermination de ces proportions entrait dans le conditionnement des soies, comme je le proposerai plus tard, on aurait bientôt acquis, à cet égard, toute l'expérience nécessaire. Or, qui pourrait contester l'utilité d'une pareille connaissance pour une matière qui forme, en moyenne, la cinquième partie d'une marchandise aussi précieuse que la soie ?

§ II. *Proportions d'eau contenues dans les soies.*

Que l'on veuille bien se reporter aux tableaux des pages 11, 12 et 14, dans lesquels sont indiquées les proportions d'eau contenues dans un certain nombre d'échantillons de soies crues et cuites, et l'on verra que les conclusions suivantes sont justifiées :

1° La proportion d'eau, ou, en d'autres termes, l'hygrométrie de la soie, est assez variable, même dans des soies placées exactement dans les mêmes circonstances.

2° Les variations, étudiées sous le point de vue des races et autres circonstances capables d'influer sur les propriétés de la soie, ne présentent, quant à présent, aucune règle que nous puissions préciser.

3° Cependant il est évident que la soie cuite est moins hygrométrique que la soie crue.

Qu'on ne s'étonne point de me voir rapporter ici des résultats négatifs; ils sont tout aussi importants que les autres, quand ils tranchent des questions. Du reste, je ne doute pas qu'une étude des registres de la condition publique de Lyon, par exemple, ne puisse résoudre complétement la question de savoir quelles circonstances influent sur l'hygrométrie de la soie. Je profiterai de la première occasion qui me sera offerte pour me livrer à cette étude.

CHAPITRE DEUXIÈME.

PROPRIÉTÉS PHYSIQUES.

---

§ I. *Volume de la soie.*

Il résulte, des faits connus et des nombreux essais auxquels je me suis livré, que le volume ou titre de la soie est extrêmement variable. Je crois avoir démontré que ce titre était proportionnel au volume des cocons eux-mêmes, de telle sorte que les petits cocons fournissent la soie la plus fine. La question que je dois examiner ici est donc celle de savoir quelles sont les circonstances qui influent sur le volume des cocons.

Influence des races sur le titre de la soie.

Il est hors de doute qu'il existe plusieurs races de vers à soie, qui donnent toutes des cocons de volumes différents, bien qu'élevées dans les mêmes circonstances.

On aura donc ce premier moyen d'avoir à son gré des cocons d'un petit ou d'un grand volume, et par conséquent de la soie fine ou grosse. Jusqu'à présent j'ai eu à ma disposition six races bien distinctes de vers à soie.

1° Le sina, deux variétés ; celle de la magnanerie royale de Neuilly, et celle d'Annonay : 246 à 260 à la livre.

2° Une race blanche, que je désigne sous le nom de *blanc de Tours*, parce qu'elle me vient de là : 230 à la livre. (Je crois que c'est l'espagnolet blanc.)

3° La grosse race blanche du Languedoc : elle m'est venue de Sauve ; 200 à la livre.

4° La grosse race rousse du Languedoc : 170 à 180 à la livre : même origine.

5° La race jaune à trois mues : 335 à la livre.

6° La race jaune du Piémont, dite espagnolet : 250 à la livre.

Or, si la finesse de la soie était la condition la plus importante d'un produit avantageux, je n'aurais qu'à faire un choix parmi ces races. Pour le blanc j'adopterais le sina, et pour le jaune la race à trois mues ou l'espagnolet. Je crois avoir démontré ailleurs qu'on aurait aussi, en préférant ces races, des avantages d'une autre nature et non moins importants (1).

Influence du régime sur le titre de la soie.

Il existe une opinion assez généralement répandue, d'après laquelle le régime auquel le ver à soie est soumis aurait une grande influence sur la finesse de la soie. Cette opinion paraît fondée en fait ; mais il ne me paraît pas qu'on se soit bien rendu compte de la véritable influence exercée par le système d'éducation et d'alimentation.

Il résulte de nos recherches que toutes les modifications apportées au système d'éducation des vers à soie considéré aujourd'hui comme rationnel, le système chinois plus ou moins modifié, ont eu pour effet de réduire plus ou moins le produit des éducations, c'est-à-dire de réduire le poids et le volume des cocons.

(1) Éducation de vers à soie, faite, en 1838, à la magnanerie-modèle de Poitiers ; chez Mme HUZARD.

Qu'on se reporte au tableau de la page 29, et à notre seconde note sur l'éducation de Poitiers (*Annales d'agriculture*, avril et mai 1839), on y verra que le sina élevé au mûrier blanc et dans la magnanerie, a donné des cocons dont il fallait 260 au plus à la livre.

Le même élevé au mûrier noir a donné des cocons évidemment plus petits.

L'éducation des bergeries de Senart a fourni, en 1837, des cocons sina dont il fallait aussi 250 à la livre. Celle de 1838, faite dans des circonstances évidemment moins favorables par suite de la mauvaise saison, a donné des cocons plus petits dont il fallait jusqu'à 290 à la livre; et, si je suis bien informé, on a été frappé de la finesse du brin de ces cocons.

La race blanche de Tours, élevée au mûrier blanc dans la magnanerie, a donné 230 cocons à la livre. Élevée en partie seulement au mûrier noir, les cocons ont diminué: il en fallait 240 à la livre.

Transportée en plein air, cette race a perdu bien davantage; il en fallait alors 320 à la livre.

Or, comme il résulte des essais comparatifs auxquels ces cocons ont été soumis la preuve que le volume du brin s'est trouvé en rapport avec le volume des cocons, il faut en conclure nécessairement que le régime n'a pas agi directement sur la finesse de la soie, mais bien sur le volume des cocons. Rien de plus facile à comprendre, rien de plus naturel. Un bon régime et des circonstances favorables ont déterminé un grand développement des vers à soie; devenus gros, ils ont fait de gros cocons, et, comme leur filière était proportionnée à leur dimension, ils ont fait de la grosse soie.

Soumis, au contraire, à un régime moins naturel, ou exposés à des circonstances moins favorables, les vers n'ont pas atteint le même développement, et leurs cocons plus petits se sont trouvés formés d'une soie plus fine.

Voilà donc un second moyen d'influer sur le volume de la soie : Écartez-vous des principes, prolongez votre éducation, éloignez les repas, laissez tomber la température, et vous aurez de la soie plus fine, mais vous en aurez moins. J'examinerai, dans un autre paragraphe, s'il y a lieu d'agir ainsi.

Influence du climat sur le titre de la soie.

L'influence du climat peut s'exercer de deux manières : tantôt il donnera à la feuille du mûrier des qualités ou des défauts qui réagiront puissamment sur l'insecte sérifère ; d'autres fois il agira directement sur les vers à soie. Dans le premier cas, on n'aura qu'à se soumettre, sauf à modifier le plus possible les inconvénients du climat par un bon choix d'espèces de mûrier, par l'exposition la plus favorable qu'on pourra trouver, par un système de culture et de taille capable de prévenir quelques-unes des circonstances défavorables auxquelles on est exposé.

Quant aux vers à soie, il y aura lieu d'examiner si les moyens artificiels, qu'on a tant perfectionnés dans ces derniers temps, établissent une égalité parfaite entre les diverses régions de la France, et de manière à faire disparaître les influences du climat ; mais, quelque soin qu'on prenne pour éclairer cette question, elle ne sera jamais complétement résolue, parce qu'il est extrêmement difficile de déterminer la part d'influence exercée par l'aliment et celle du système d'éducation. Quoi qu'il en soit, il faut admettre que le climat pourra exercer une grande influence sur le titre de la soie et déterminer la production de cocons d'un plus ou moins grand volume, et j'ai dû mettre à profit les données que j'avais à ma disposition pour chercher s'il serait possible d'en tirer quelques conclusions.

On se rappelle l'observation consignée page 27 de la première partie de ce mémoire, relative au titre des soies des basses et hautes Cévennes, et de celles de M. Beauvais. Il en résulte que la soie est d'autant plus fine qu'elle a été produite sous un climat moins chaud ; ou, en d'autres termes, que le froid a réduit le volume des cocons. C'est ce qu'ont prouvé de la manière la plus évidente nos deux essais d'éducation en plein air, dans lesquels les cocons se sont réduits de 30 pour 100.

J'aurais bien voulu pouvoir conclure quelque chose des nombreux essais que j'ai faits sur quelques soies du Midi que j'avais à ma disposition ; mais comment m'assurer qu'elles étaient bien réellement filées à $\frac{4}{5}$ ou $\frac{5}{6}$, comme le portaient leurs étiquettes? On conçoit qu'un seul brin en plus ou en moins devait déranger toutes mes combinaisons. Nous obtiendrons peut-être quelques données plus fondées en étudiant les soies sous un autre rapport.

Influence des procédés de filature sur le titre de la soie.

On voit que jusqu'ici j'ai examiné l'influence des circonstances sur la grosseur du brin simple ou bave, indépendamment de l'action que peut exercer la filature. Il s'agit maintenant de déterminer si la filature a augmenté ou diminué le titre des brins en les réunissant en certain nombre. Désirant m'éclairer sur les questions que présente la filature de la soie, je me les suis posées à moi-même, et pour chacune d'elles j'ai fait une série d'expériences. Il en est résulté 50 échantillons tous différents, soit par le mode de filature employé, soit par la nature des cocons. Chacun de ces échantillons a été titré avec le plus grand soin. Par là j'ai pu comparer les volumes de tous, et apprécier l'influence exercée par le procédé de filature. Je n'entrerai pas en ce moment dans tous les détails que comporterait la description de ces essais ; je n'en dirai que ce qui sera nécessaire à ma démonstration.

J'avais une série d'échantillons provenant de la race de Tours, tous filés à 6 cocons.

Ils ont été rangés par ordre de grosseur. Voici ce qui en est résulté (1) :

(1) Pour l'explication des procédés, voir la troisième partie de ce mémoire.

	TITRES		
	en deniers.		déci-mal.
	grains.	8es.	centigr.
1. Croisade double, aiguë, 10 tours, près de l'eau..................	12	2	66
2. Croisade simple, large, 40 tours, filature rapide................	12	3	68
3. Croisade double, large, 40 tours, avec fourneau sous la 2e croisade	13	2	71
4. Croisade double, large, 40 tours..	13	7	74
5. Croisade double, large, 40 tours, avec fourneau sous la 1re croisade	14	4	77
6. Croisade double, aiguë, 40 tours..	14	4	78
7. Croisade double, large, 40 tours, loin de l'eau.................	14	5	78
8. Croisade double, large, 10, près de l'eau........................	14	7	79
9. Croisade double, large, 40 tours, près de l'eau.................	14	7	79
10. Filature simple, très-près de l'eau.	15	3	82
11. Filature simple, 7 frottements très-forts, près de l'eau...........	15	4	83
12. Croisade double, large, 10 tours, filature lente.................	15	6	83
13. Filature avec torsion, loin de l'eau.	15	5	83
14. — — — près de l'eau.	16	»	85
15. Croisade simple, large, 40 tours, filature lente.................	16	»	85
16. Filature avec torsion (autre).....	16	3	86
17. — — (autre), près de l'eau.	16	4	87
18. Filature simple, ni croisade, ni torsion........................	17	4	94

Ce tableau exige quelques explications. La croisade double a été obtenue par le procédé de Vaucanson, par conséquent à tours comptés et fixes; 10 tours signifie donc que la soie était croisée 20 fois, dont 10 dans un sens et 10 dans un autre; 40 tours signifie que la soie était croisée 80 fois.

Tantôt la croisade a été faite sous un angle aigu; d'autres fois sous un angle extrêmement ouvert.

J'ai varié la vitesse de la filature de manière que celle qui est indiquée comme *rapide* a été pratiquée aussi rapidement que le comportait l'entretien de deux brins par une habile fileuse.

La filature *lente*, au contraire, a été assez modérée pour que la fileuse pût entretenir très-aisément 4 brins à la fois et même plus.

Quand j'ai placé un fourneau sous la soie, c'était sous les croisades et très-près; la soie passant rapidement, je n'avais pas à craindre qu'elle fût altérée.

Quant aux essais notés comme faits près ou loin de l'eau, voici ce qui a été pratiqué : *Près de l'eau* signifie que les filières ou cuillers étaient aussi rapprochées que possible de la surface de l'eau, en ne laissant de distance que celle indispensable à la fileuse pour jeter ses bouts.

Loin de l'eau veut dire que les filières étaient à 3 centimètres au moins de sa surface.

La filature *simple* est celle qui n'a comporté ni *croisade*, ni *torsion*, et peu de *frottements*, les guides ou barbins ayant été disposés en conséquence.

Pour obtenir des *frottements*, au contraire, j'ai disposé les barbins de manière à faire décrire à la soie des angles très-aigus, et qui déterminassent beaucoup de frottements; ils ont été poussés à l'extrême, c'est-à-dire aussi loin que la soie pouvait les supporter sans rompre.

La filature avec *torsion* est un procédé nouveau, que je décrirai plus loin, dans lequel la soie éprouve peu de résistance.

Maintenant que nous avons tous les renseignements nécessaires pour comprendre le tableau, procédons à son étude.

Un fait général domine tous les détails dans lesquels je vais entrer : la soie a été d'autant plus fine, qu'elle a éprouvé une plus grande résistance entre son point de départ, la bassine, et son point d'attache, le guindre ; ce qui prouve qu'elle s'est allongée en proportion de cette résistance : cela devait être, et nous pouvions le prévoir d'après les connaissances acquises sur sa ductilité. En effet, nous voyons les échantillons, rangés par ordre de grosseur, apparaître ainsi qu'il suit : croisade simple ou double, angle large, filature prompte ; filature avec frottements ; croisade double, mais lente ; puis torsion ; croisade simple, lente ; enfin filature simple. Il est aisé de comprendre que cet ordre est, en effet, celui que donnent les opérations classées suivant la résistance qu'elles offraient à la marche de la soie.

L'échantillon le plus fin, n° 1, a été fait avec croisade double aiguë et 10 tours seulement, mais *très-près de l'eau ;* la soie, saisie toute chaude et tout humide, a pu s'allonger beaucoup et perdre de son titre.

Le n° 2 n'a subi qu'une croisade simple ; mais *la vitesse* a suppléé à la résistance qu'aurait opposée une croisade double : cela est parfaitement conforme à la théorie.

Les n°s 3 et 4 paraissent devoir leurs finesses plus grandes que celles des numéros suivants à l'emploi du fourneau, qui a facilité l'extension de la soie.

Les n°s 6, 7, 8, 9 diffèrent peu entre eux, parce qu'en effet ils ont été faits dans des circonstances très-analogues.

Le n° 10, qui ne diffère du n° 18 que parce qu'il a été fait *très-près de l'eau*, doit, sans doute, à cette circonstance sa plus grande finesse.

Le n° 11 prouve que les frottements qu'il a subis n'ont point eu autant d'action sur la soie que la croisade simple ou double.

Le n° 12 prouve bien l'influence de *la vitesse* pour l'extension de la soie, puisque, malgré dix tours de croisade double très-large, la soie de ce numéro est demeurée grosse ; la lenteur de sa marche a paralysé l'action de la croisade.

Le n° 15 est une autre preuve du même principe.

Les nos 13, 14, 16, 17 prouvent que le système de torsion qui leur a été appliqué laisse à la soie toute sa grosseur primitive.

Le n° 18, dans lequel la soie n'a éprouvé presque aucun frottement, devait être le plus gros ; il est de cinq deniers plus fort que le n° 1 ; cependant l'un et l'autre ont été faits exactement avec six cocons.

Si nous nous rappelons maintenant que les cocons employés fournissent un titre de 0,14 ou 2 5/8 pour leur bave ou brin simple, nous verrons que les six cocons devaient donner, en effet, le titre de 16 à 17 que nous trouvons au n° 18, le plus gros du tableau ; et nous sommes obligés d'en conclure que, dans les numéros plus faibles, la soie s'est allongée dans la proportion de plus d'un quart. Que l'on compare, en effet, le n° 1 avec le n° 18, et on en sera convaincu ; il y a entre eux une différence de 5 deniers 2/8 ou 28 centigrammes. Nous pouvons donc conclure des essais décrits ci-dessus :

1° Dans la filature, la soie éprouve un allongement

proportionnel à la résistance qu'elle doit subir pour arriver sur l'asple.

2° Cet allongement est d'autant plus grand que les causes qui le produisent agissent plus près de la bassine.

3° La vitesse imprimée à la marche de la soie contribue pour beaucoup dans son allongement.

4° Le ralentissement, au contraire, paralyse en grande partie l'action des frottements.

5° L'espèce de frottement qui agit le plus est celui produit par la croisade.

6° La soie qui n'éprouve aucun, ou presque aucun frottement, a un titre qui n'est que la multiplication du titre de la bave ou brin simple du cocon dont elle est extraite.

7° Au contraire, la soie qui a éprouvé des frottements et, par suite, une extension plus ou moins considérable a un titre qui peut être d'un quart moins fort que celui des cocons dont elle a été formée.

Nous ferons plus tard, à la filature, les applications convenables des principes que je viens de poser.

§ II. *Élasticité des soies.*

Dans le commerce, on admet comme une chose hors de doute que l'élasticité varie dans les diverses espèces de soies; mais je ne pense pas qu'on ait jusqu'ici rien précisé à cet égard, pas plus que sur les causes qui font varier cette propriété importante. La première chose qui devait m'occuper était donc de m'assurer si, en effet, l'élasticité de la soie était variable; ensuite je devais m'efforcer de reconnaître les circonstances capables d'augmenter ou de diminuer l'élasticité. Je vais mettre sous les yeux du lecteur le tableau des expériences que j'ai faites dans ce double but; nous verrons quelles conséquences il sera possible d'en tirer. Ces expériences ont été faites au moyen de l'appareil et par le procédé décrits dans la première partie de ce mémoire, pag. 39, fig. 1, planche III.

Influence des races et du climat sur l'élasticité des soies.

J'ai fait deux séries d'essais. Dans la première, j'ai comparé entre elles les diverses soies que j'avais à ma disposition, abstraction faite du procédé de filature. Il est bon de se rappeler que les chiffres qui donnent la mesure de l'élasticité représentent le nombre de millimètres dont la soie peut revenir sur elle-même, quand on en a distendu un mètre, de 1 décimètre ou 10 0/0. Ainsi, la soie blanc de Tours, distendue de 10 pour cent ou 1 décimètre, est revenue sur elle-même de 5 pour cent ou 50 millimètres.

	Nombre de COCONS.	TITRES en deniers		TITRES décimal.	ÉLASTICITÉ ou retrait sur 100 millimèt. d'allong.
	cocons.	gr.	8mes	centig.	millimètres.
1. Grège jaune d'Alais......	4/5	8	1/8	43	45
2. Roux de Sauve, Poitiers	5/6	14	6/8	78	47
3. Sina, Poitiers...........	4/5	11	1/8	58	48
4. Grège blanche de Ganges.	6/7	11	6/8	62	48
5. Trois mues jaunes.......	5/6	12	3/8	66	48
6. Grège j. d'Alais (autre).	4/5	10	4/8	56	49
7. Sina d'Annonay, Poitiers	4/5	13	4/8	73	49
8. Tours, plein air, Poitiers.	4/5	12		64	50
9. Tours, Poitiers.........	4/5	13		49	50
10. Grège blanche d'Alais....	4/5	12		64	51
11. Grège jaune d'Espagne..	»	31	4/8	69	78

Il me paraît difficile de voir, dans ce tableau, autre chose que la preuve du peu de différence que présentent les soies de diverses races et de divers pays quant à leur *élasticité* proprement dite. Cependant j'ai mis tous mes soins à faire ces expériences. Chaque soie a subi trois épreuves; je n'en ai pas fait un plus grand nombre, parce que les résultats différaient si peu, que cela devenait évidemment inutile. Dans quelques cas, j'ai eu trois chiffres pareils; dans plusieurs, un seul différait des deux autres. Chaque fois, j'ai eu soin d'enlever sur la bobine plusieurs mètres de soie, afin de ne pas expérimenter sur le même fil. Enfin tous les essais ont été faits en un seul jour. La grège d'Espagne présente seule une différence remarquable. Cette soie est grossière; je n'ai pu la distendre que de 50 millimètres, et c'est alors qu'elle est remontée de 39 millimètres ou 78 pour cent. Elle fait évidemment exception. En faisant mes essais j'avais cru remarquer que les soies plus fines étaient aussi plus élastiques, mais le tableau ne permet pas cette conclusion.

Peut-être on remarquera que les cinq soies les plus élastiques ne sont filées qu'à 4-5, et que, dans les cinq autres un peu moins élastiques, il y en a trois filées à plus : à 5/6 et 6/7. Mais, pour conclure quelque chose de cette observation, il faudrait un plus grand nombre d'épreuves.

Enfin on remarquera encore que, dans les cinq soies les plus élastiques, il n'y en a qu'une jaune; tandis que, dans les cinq autres un peu moins élastiques, il y a trois grèges jaunes : il me paraîtrait cependant téméraire d'en conclure que la soie jaune est moins élastique que la soie blanche.

Quant aux influences de pays ou de climat, il est évident qu'elles ont été nulles au moins pour les soies que j'ai expérimentées.

Influence des procédés sur l'élasticité de la soie.

Voyons si nous obtiendrons autre chose que des résultats négatifs en étudiant l'influence des procédés.

Toutes les soies mentionnées dans le tableau qui suit sont de la grège blanc de Tours, filée à 6 cocons fixes, par la même main, dans la même eau et dans la même saison. Je me suis donc placé dans les circonstances les plus favorables pour l'expérimentation.

PROCÉDÉ DE FILATURE.	TITRES			ÉLASTICITÉ.
	en deniers		décimal.	
	gr.	8es.	centigr.	
1. Torsion seule, près de l'eau.......	16	3	87	45
2. Frottements forts, sans croisade ni torsion......................	15	4	83	46
3. Croisade simple, 40 tours, large et vite........................	12	3	68	47
4. Frottements légers, près de l'eau..	15	3	82	—
5. Torsion seule, loin de l'eau.......	15	5	84	—
6. Croisade double, 10 tours, aiguë, près de l'eau.................	12	2	66	48
7. Croisade double, 40 tours, large, avec fourneau................	13	2	71	—
8. Croisade double, 40 tours, large, loin de l'eau................	14	5	78	—
9. Croisade double, 40 tours, aiguë.	14	4	78	—
10. Croisade double, 10 tours, large, près de l'eau................	14	7	79	—
11. Croisade simple, 40 tours, large, lente........................	16	—	85	—
12. Croisade double, 40 tours, large, près de l'eau................	14	7	79	49
13. Sans torsion ni croisade.........	17	4	94	—
14. Croisade double, 40 tours, large...	13	7	74	51
15. Croisade double, 40 tours, large, avec fourneau................	14	4	77	—

Nous trouvons dans ce tableau les mêmes variations d'élasticité que nous ont présentées les soies grèges de diverses races et de divers pays ; mais comme ici la soie est la même dans tous les échantillons, et que le procédé seul a varié, les différences ont beaucoup plus d'importance.

Aussi me paraît-il évident que l'emploi de la croisade double a sensiblement augmenté l'élasticité de la soie ; les nos de 6 à 15 n'en comprennent que deux qui n'ont pas subi son action, le n° 11 ; mais il a été fortement croisadé et à angle large ; de plus, il est très-gros, et, si nous nous rappelons l'élasticité extraordinaire de la grège d'Espagne au titre de 31, nous ne pouvons pas nous défendre d'attribuer au titre une partie de l'élasticité observée. Il en est de même du n° 13, qui n'a pas été croisadé du tout, mais qui est le plus gros de tous les échantillons essayés.

Dans les nos de 1 à 5, au contraire, dont l'élasticité est plus faible, nous n'en voyons qu'un, le n° 3, qui a été croisadé ; mais aussi, grâce à la vitesse de la filature, il est d'un titre très-bas, ce qui explique son peu d'élasticité.

Qu'on n'aille pas croire que j'ai l'intention de faire disparaître, par des conséquences forcées, les anomalies qui peuvent se trouver dans ces tableaux. Je sais qu'il s'en présente toujours dans les essais, même quand les plus grands soins ont présidé aux opérations. Mais je crois avoir suffisamment multiplié les faits, pour que les conséquences que j'en tire ne paraissent pas hasardées ; d'ailleurs chacun pourra les juger avec les pièces : elles sont là.

Résumons les expériences ayant pour objet de déterminer l'élasticité des soies.

1° L'*élasticité* de la soie, qu'il ne faut pas confondre avec la *ductilité*, diffère peu dans les diverses grèges examinées.

2° Elle varie dans les limites de 4,5 à 5,1 pour cent.

3° La race des vers qui ont produit la soie paraît être sans influence sur l'élasticité.

4° Il en est de même du climat.

5° Les soies les plus grosses paraissent avoir un degré d'élasticité plus grand que les fines.

6° Le procédé de filature a une influence évidente ; la double croisade est celui qui donne à la soie la plus grande élasticité.

§ III. *Ductilité des soies. Procédé d'appréciation.*

En se reportant aux expériences qui m'ont fait connaître la ductilité de la soie, considérée comme propriété générale, on se rappellera que, dans le procédé employé, on a dû confondre nécessairement l'effet produit par la ductilité et celui dû à l'élasticité, puisque ces deux propriétés agissent simultanément ; mais, en défalquant l'extension produite par l'élasticité, on a eu la mesure exacte de celle effectuée en vertu de la ductilité. Était-il nécessaire, dans la comparaison à établir entre diverses soies, de distinguer et d'apprécier les deux effets ? Je ne le pense pas. Il suffisait, pour caractériser les soies, de mesurer l'extension totale qu'elles étaient capables de subir sans se rompre ; cela suffisait surtout pour apprécier l'influence de la race et des procédés de filature, conditions qu'on était toujours maître de varier à son gré.

En conséquence, après avoir obtenu, au moyen de l'appareil à plateau et à sable (fig. 1, pl. III), un certain nombre de résultats qui démontraient que les soies avaient, à des degrés fort différents, la faculté de s'allonger, j'ai dû songer à construire une machine exacte, sensible, et donnant des résultats comparables entre eux. Ma première idée a été de remplacer la marche incertaine et inégale du plateau chargé de poids, par un poids fixe dont l'action serait modérée et réglée au moyen d'un balancier (pendule) absolument pareil à celui d'une horloge. On conçoit, en effet, qu'il était facile d'attacher la soie par un bout à un point fixe; l'autre bout était saisi par une pince faisant partie d'un poids capable d'entraîner une chaîne enroulée sur un tambour. Puis, au moyen du mécanisme très-simple d'un échappement et d'un balancier, la marche du poids était réglée de manière que chaque oscillation du balancier le faisait descendre d'un millimètre, et tendait, par conséquent, la soie d'autant. Cet appareil a été exécuté, et j'ai fait avec lui un certain nombre d'essais intéressants. Nous avions eu l'idée d'y joindre un ressort ou dynamomètre placé à la partie supérieure; ce dynamomètre, qui se trouvait distendu par la soie qu'on avait soin d'y attacher, indiquait à quel poids correspondait l'effort nécessaire pour distendre et rompre la soie : il donnait donc la mesure de la *ténacité*. Au moyen d'une disposition fort simple, les aiguilles indicatrices de la tenacité et de la ductilité s'arrêtaient fixes au moment où la soie cassait.

Mais nous nous aperçûmes bientôt que cet appareil,

bien que déjà fort satisfaisant, était susceptible de recevoir plusieurs améliorations, par exemple un volant au lieu d'un balancier, ce qui devait éviter les petites secousses imprimées à la soie par ce dernier. Il paraissait aussi possible d'éviter certaines corrections nécessitées par la présence du dynamomètre, qui laissait descendre la soie d'une petite quantité à mesure qu'il cédait aux efforts du poids. En conséquence, je chargeai M. Lehodey, horloger-mécanicien (1), d'exécuter la machine d'après ces données : il s'en est acquitté avec un grand zèle et un rare bonheur. J'ai donné à l'instrument le nom de *sérimètre*, parce qu'il fallait bien qu'il eût un nom pour éviter les périphrases. Tel qu'il est, cet instrument a pour but et pour effet de donner la mesure exacte de la ténacité et de la ductilité de la soie qu'on soumet à son action.

Voici en quoi consiste le sérimètre (pl. VI, fig. 3) : A B C D est une boîte en bois longue de 1 mètre 50 centimètres.

En A B est une broche dans laquelle on peut passer une bobine chargée de la soie à essayer; M est une pince qui saisit la soie et la fixe invariablement.

K est une autre pince, placée exactement à la distance d'un mètre de la pince M. La pince K peut glisser dans une coulisse N F, pratiquée à la boîte, et se trouve attachée dans l'intérieur de celle-ci à une chaîne sans fin.

Cette chaîne est mise en mouvement par un mécanisme parfaitement régulier enfermé dans la boîte.

En conséquence, aussitôt que le mécanisme agit, la chaîne marche, entraîne la pince mobile K vers N et allonge la soie qu'on y a fixée.

(1) Quai Pelletier, n° 26, à Paris.

En O se trouve un petit levier très-léger, qui pose sur la soie tendue. Au moment où celle-ci se rompt, le levier agit sur le volant du mécanisme et l'arrête immédiatement.

Or, si l'aiguille G suit le mouvement de la pince K, on conçoit qu'elle indiquera sur l'échelle G L le nombre de centimètres et millimètres dont la soie aura pu s'allonger.

Voilà donc un moyen de déterminer la ductilité de la soie, et ce moyen sera excellent si l'instrument est bien exécuté, s'il marche avec une parfaite régularité, et s'il ne donne aucune secousse à la soie. Toutes ces conditions sont remplies par le sérimètre.

Afin qu'au moment où la soie est fixée dans les deux pinces elle ait une tension légère, et soit la même dans toutes les épreuves qu'on fait avec l'instrument, on a soin, avant de serrer la pince inférieure K, de tirer faiblement sur la soie de manière à élever l'aiguille de cinq grammes. Alors tous les fils essayés ont pour point de départ une tension égale.

Mais il ne suffisait pas que le sérimètre donnât la mesure de la ductilité, il fallait aussi qu'il indiquât *le poids équivalant à l'effort* qui fait rompre le fil de soie; en un mot, qu'il donnât la mesure de la *ténacité*.

Voici par quel moyen ingénieux cette condition a été remplie.

La pince K, au lieu d'être fixée directement à la chaîne du mécanisme, l'est à un petit ressort en spirale E; c'est celui-ci, dont l'extrémité E est entraînée par la chaîne.

Or si, d'une part, la chaîne agit en E sur le ressort, et que, de l'autre, la soie fixée dans la pince K résiste à cette action, il s'ensuit que le ressort s'étend de E en F, et fait remonter la double aiguille G, qui est mobile.

Celle-ci indique sur l'échelle *h i* quelle a été l'extension du ressort jusqu'au moment où la soie a cassé; car alors le ressort est revenu sur lui-même et a entraîné la pince; mais l'aiguille qui est libre et à frottement est restée en place et donne la double indication de la *ductilité* et de la *ténacité*. Les divisions de l'échelle *h i* indiquent le nombre de grammes correspondant à l'effort nécessaire pour tendre le ressort.

Il est évident que cette échelle fait corps avec le ressort, et descend avec lui, de façon que, quel que soit l'allongement de la soie, le point d'attache du ressort et son échelle sont toujours dans les mêmes conditions relatives.

Prenons un exemple :

Une soie grège est tendue sur l'instrument; on lâche le mouvement; il distend la soie de 150 millimètres, et l'aiguille G indique ce chiffre sur l'échelle G E.

D'un autre côté, le ressort et son échelle ont suivi le mouvement de la chaîne; mais la résistance de la soie a tendu le ressort et fait remonter l'aiguille au chiffre de 30 grammes.

Voilà donc une soie dont la ductilité est représentée par le nombre 150, et la ténacité par le nombre 30.

Maintenant, au lieu d'un fil mettons-en deux, et fixons-les dans les pinces. L'effort de la chaîne les allongera encore de 150 millimètres; mais la résistance double qu'ils auront opposée aura distendu le ressort de manière à élever l'aiguille jusqu'au chiffre de 60 grammes. Cela est évident, et le résultat aurait été le même si, au lieu de deux fils, on en avait employé un seul ayant une ténacité double.

La manière de remonter le mécanisme est extrêmement simple ; il suffit de ramener la pince K à son point de départ, à l'aide du bouton placé au-dessous du ressort E.

La vitesse imprimée par le mouvement à la pince qui fixe et entraîne la soie est de 3 décimètres par minute.

Épreuve du sérimètre.

Il était important de constater par l'expérience que le sérimètre donnait des résultats certains, et que les variations que présentaient ceux offerts par la soie tenaient à la nature de cette matière et non à l'instrument.

En conséquence, j'ai placé entre les deux pinces successivement du fil de laiton et du fil de fer extrêmement fins. J'ai pu constater alors que la marche de l'aiguille indicatrice était parfaitement régulière, et que les secousses ou soubresauts remarqués dans les épreuves avec la soie tenaient à la manière particulière dont ce fil cédait aux efforts de la traction.

J'ai observé, en outre, que ces deux fils métalliques, bien que fabriqués par le même procédé, n'offraient cependant pas la même régularité dans leur ductilité ; il faut donc mettre tout entier sur le compte des matières essayées les variations qu'elles présentent au sérimètre. Je donnerai ces épreuves détaillées à la fin de la deuxième partie.

Sans prétendre absolument que cet instrument est aussi parfait que possible, je pense néanmoins qu'il est, dès à présent, susceptible de rendre de grands services, en donnant sur les qualités de la soie des connaissances positives et bien autrement exactes que celles qu'on peut acquérir par les moyens actuellement employés. Les nombreux résultats que j'ai obtenus avec lui, et que je vais successivement énumérer, en seront une preuve évidente (1); aussi je n'hésite pas à le proposer comme un moyen d'appréciation dont l'industrie de la soie tirera certainement un grand parti.

Quelle différence, pour un industriel ou un commerçant, de pouvoir s'assurer par lui-même et en un instant des qualités les plus importantes d'une grège quelconque, ou d'être obligé d'avoir recours au talent douteux et inégal d'un intermédiaire plus ou moins intelligent ou sincère!

Et, quant à l'appréciation à laquelle on peut se livrer en examinant une soie sous le rapport de son nerf et de son élasticité, peut-elle être comparée à celle qui résulte de l'action d'un instrument exact, sensible, toujours pareil, et sur lequel on peut en quelques instants multiplier considérablement les épreuves?

Cette facilité de faire un grand nombre d'épreuves et de les comparer est d'ailleurs le plus sûr moyen de juger la filature d'une soie. En effet, si vous faites 10 essais, et qu'il s'en trouve 3 ou 4 qui s'éloignent beaucoup de la moyenne, il faudra nécessairement en conclure que la soie expérimentée est inégale; qu'elle présente, à des intervalles très-rapprochés, des points faibles et d'autres trop forts, en un mot qu'elle a été mal filée. Un exemple

(1) J'ai fait, sur le sérimètre, environ 1,000 épreuves pour ce mémoire seulement.

rendra ceci évident. J'ai mis en regard une bonne et une mauvaise soie : elles sont de la même espèce ; la filature seule a été différente.

BONNE FILATURE.		MAUVAISE FILATURE.	
DUCTILITÉ.	TÉNACITÉ.	DUCTILITÉ.	TÉNACITÉ.
115	44	75	25
142	49	57	19
125	46	103	22
123	46	90	20
114	44	72	19
114	38	86	21
127	41	144	25
102	37	73	21
110	38	126	24
152	42	70	17
122,4	42,5	89,6	21,3

On voit, par ce tableau, quelle influence a exercée le procédé de filature sur des cocons de la même espèce. Le mauvais procédé a réduit la ténacité de moitié et la ductilité d'un quart ; on remarque, en outre, l'irrégularité qu'il a imprimée à la soie, et qui se manifeste dans les chiffres d'essais.

Pour rendre cette inégalité encore plus évidente, on peut faire les calculs suivants :

Ductilité. La moyenne de la ductilité des 5 épreuves les plus faibles de la bonne soie est de 111.

La moyenne des cinq épreuves les plus fortes est de 133; différence, 22.

Pour la mauvaise soie, la moyenne des cinq épreuves faibles est de 69.

La moyenne des cinq épreuves fortes est de 109; différence, 40.

Ainsi, pour la bonne soie, la différence entre les résultats faibles et les résultats forts est de 22.

Pour la mauvaise soie cette différence est de 40 : on voit quelle disproportion il y a entre ces deux chiffres.

Ténacité. Les cinq épreuves faibles de ténacité pour la bonne soie donnent une moyenne de 39.

Les cinq épreuves fortes, une moyenne de 45; différence, 6.

Pour la mauvaise soie, la moyenne des épreuves faibles est de 96; la moyenne des épreuves fortes est 117; différence, 21.

Ainsi nous trouvons, pour la ténacité des deux soies, les chiffres de 6 et de 21, qui prouvent, par leur grande différence, combien la soie mal filée est inégale comparativement à l'autre.

Quel autre moyen d'appréciation que le sérimètre aurait conduit à des données aussi exactes?

Il y a une autre espèce d'observation que l'instrument permet de faire. Avec un peu d'expérience, on a bientôt appris qu'aucune soie ne dépasse certaines limites; mais, si quelques épreuves donnent des chiffres tout à fait en dehors des prévisions, comme, par exemple, un allongement de 10 à 20 millimètres seulement, ou une ténacité représentée par 10 à 15 grammes, on peut en conclure que la soie contenait quelque défaut qui l'a fait rompre bien avant qu'elle ait atteint les limites particulières à sa nature; le résultat est anomal. Or, si dans le cours de dix épreuves, par exemple, il se présente trois ou quatre de ces anomalies, la soie est évidemment très-défectueuse, et, en supposant qu'on hésite à en tirer cette conclusion, on est du moins averti, et l'on peut multiplier les moyens d'investigation.

Si, dans l'essai qu'on fait d'une soie, on tombe sur un mariage, on s'en aperçoit à l'instant même par l'augmentation hors de proportion qu'éprouve la ténacité de la soie. Rien de plus facile alors que de l'enlever sur la bobine avant de continuer les épreuves. On n'est pas moins bien averti si c'est un morvolant qui se présente aux épreuves.

Je suis persuadé que l'usage du sérimètre démontrera de plus en plus le parti avantageux qu'on peut en tirer, et fera découvrir peut-être dans l'instrument des ressources et des propriétés inaperçues quant à présent.

Une fois possesseur de cet instrument, il me devenait facile de multiplier les essais et d'apprécier l'influence du volume, des races de vers, et des procédés de filature sur la ductilité des soies.

Pour donner quelque valeur à mes essais, je les ai répétés dix fois au moins sur chaque espèce de soie, et chaque fois aussi j'ai enlevé sur la bobine qui servait à l'expérience deux mètres au moins de soie avant de recommencer.

Influence du titre sur la ductilité de la soie.

Pour apprécier la part d'influence que pouvaient avoir sur les soies les diverses conditions dans lesquelles elles sont produites, il importait, avant tout, de s'assurer si la ductilité d'une soie varierait avec son titre, tout étant égal d'ailleurs.

En conséquence, j'ai choisi dans mes échantillons ceux qui, à procédé égal, avaient des titres différents; puis j'ai déterminé leur ductilité réelle et leur ductilité calculée en prenant pour base celle de la soie la plus fine. Voici le résultat de ces essais (1):

	TITRES			DUCTILITÉ réelle.	DUCTILITÉ calculée.
	en deniers.		décimal.		
		8mes.			
N° 1. Grège de trois mues. . . .	11	2	59	150	150
2. —	12	4	67	133	132
3. Blanc de Tours	13	2	71	180	180
4. —	14	7	79	175	161
5. —	15	6	86	163	148
6. —	16	4	88	146	145
7. Sina.	11	1	58	148	148
8. —	12	6	68	127	126
9. —	15	5	83	115	103
10. —	15	6	83	124	103

(1) On voudra bien remarquer que j'ai donné, dans tous les tableaux, le titre *décimal* des échantillons, afin de faciliter la répétition des calculs, qui sont infiniment plus simples dans ce système que dans celui des *deniers* ou *grains* avec leurs fractions.

Ce tableau met en évidence un principe extrêmement curieux; savoir : que *la ductilité de la soie est en raison inverse de son volume;* en d'autres termes, la soie est d'autant plus ductile ou capable de s'allonger qu'elle est plus fine.

On voit, en effet, dans le tableau, que la ductilité diminue à mesure que la soie est plus grosse, et ce qui est bien remarquable, c'est que les résultats de l'expérience s'éloignent très-peu des termes fournis par le calcul (1). Pour les n°s 2, 6 et 8, le résultat est identiquement le même; et, bien qu'il soit moins satisfaisant pour les autres échantillons, il n'en ressort pas moins la preuve du principe posé ci-dessus; je crois même pouvoir dire qu'il est étonnant d'être arrivé à des chiffres aussi rapprochés dans des comparaisons qui ont présenté autant de chances d'erreur. Aussi je crois pouvoir poser le principe que *la ductilité de la soie est en raison inverse de son volume ou titre.*

Influence de la race et du climat sur la ductilité.

Mettons maintenant en regard des soies de diverses natures et de différents pays, obtenues *à peu près* par le même procédé de filature, afin de voir si elles présenteront, dans leur ductilité, des différences qu'on pourrait attribuer soit aux races, soit aux climats.

(1) Voici comment j'ai trouvé, par le calcul, la ductilité des soies. Prenons pour exemple la grège de trois mues. Adoptant pour point de comparaison la grège n° 1 et cherchant la ductilité du n° 2, je dis : 67, titre du n° 2, est à 59, titre du n° 1, comme 150, ductilité du n° 1, est à x. Je trouve 132; la ductilité donnée par l'expérience est 133 : il y a évidemment identité.

	TITRES		DUCTILITÉS	
	en deniers.	décimal.	réelle.	calculée.
	8mes.			
1. Grège jaune d'Alais....	8 1	43	165	195
2. Autre................	10 4	56	125	150
3. Grège jaune accidentelle de sina................	10 5	56	150	150
4. Grège sina de Poitiers.	11 1	58	148	144
5. Grège blanche de Ganges	11 6	62	134	137
6. Grège blanche de Tours	12 »	64	124	131
7. Grège blanche d'Alais..	12 »	64	120	131
8. Grège j. de trois mues.	12 4	67	133	125
9. Grège blanche de Tours	13 »	69	120	124
10. Grège sina de Poitiers.	13 4	73	120	115
11. Grège jaune de Poitiers.	14 6	79	106	106
12. Grège jaune d'Espagne.	31 4	169	51	50

Ce nouveau tableau ne laisse plus aucun doute sur le principe que j'ai posé plus haut. Si l'on considère d'abord les degrés de ductilité donnés par l'expérience, on est frappé par la régularité avec laquelle ils vont en diminuant, à mesure que le titre de la soie augmente.

En examinant ensuite les degrés de ductilité donnés par le calcul, on ne peut s'empêcher d'un certain étonnement en voyant leur analogie avec les premiers, et l'on demeure convaincu qu'il y aurait *identité* dans les deux résultats, si l'on pouvait se défendre de toute erreur (1).

(1 J'ai cru devoir prendre pour base des calculs de ce tableau la soie n° 3, qui avait fourni des résultats très-uniformes dans les dix épreuves faites pour déterminer sa ductilité.

Assurément, voilà un résultat bien remarquable.

Maintenant, si nous recherchons dans ce tableau des traces d'une influence quelconque exercée par le climat ou la race des vers, nous ferons les remarques suivantes :

Sur 5 grèges du Midi, quatre, les n°s 1, 2, 5 et 7, ont présenté un degré de ductilité *inférieur* à celui qu'elles devraient avoir, en le calculant d'après celui de la grège de comparaison qui a été faite aux environs de Paris. Une de ces soies, le n° 12, grège d'Espagne, présente seule un résultat égal.

Sur 7 grèges du nord, trois, les n°s 4, 8 et 10, présentent une ductilité supérieure au point de comparaison. Une, le n° 11, donne un résultat identique. Deux seulement sur 7 donnent un degré de ductilité inférieur.

Il paraîtrait donc en résulter que les soies du Nord jouissent d'un degré de ductilité supérieur à celui qu'offrent les soies du Midi. Ce fait avait déjà été entrevu par MM. Delbarre, Paroissien et Boucher, dans l'expertise dont j'ai parlé dans la première partie de ce mémoire.

Quant à l'influence des races de vers, il ne paraît pas qu'elle ait modifié en quoi que ce soit le degré de ductilité propre à la soie considérée comme matière filiforme, ni le principe posé plus haut sur la relation qui existe entre la ductilité et le volume de la soie.

Reste à décider si la différence signalée plus haut entre les soies du Midi et celles du Nord doit être effectivement attribuée à une influence particulière du climat ; mais il nous manque le terme le plus important du problème : la connaissance *exacte* du procédé de filature. Sans lui nous ne pouvons que constater le fait de la différence, mais non pas donner une explication plausible de sa cause ; attendons.

Influence du régime sur la ductilité de la soie.

Pour apprécier l'influence que le régime auquel les vers ont été soumis peut avoir sur la ductilité des soies, il aurait fallu avoir un grand nombre d'échantillons; malheureusement je n'avais pas tout prévu en commençant ce travail, et je n'ai pas réservé tous ceux dont je pouvais disposer. Je vais donner cependant le peu de résultats que j'ai obtenus; ils serviront au moins de cadres pour des essais plus complets qui pourront venir plus tard.

	TITRES en deniers.	TITRES décimal.	DUCTILITÉ réelle.	DUCTILITÉ calculée.
Sina nourri au mûrier blanc.	11 1/8	58	148	148
— nourri avec addition de farine de riz.	11 6/8	63	136	136
Blanc de Tours, élevé en plein air. . . .	12	64	124	124
Blanc de Tours, élevé dans la magnanerie.	13	69	114	115

Il résulte de ce tableau que les deux altérations apportées au régime des vers ont été absolument sans effet sur la ductilité de la soie qu'ils ont fournie, puisque l'expérience et le calcul donnent identiquement le même résultat. Que l'on fasse maintenant toutes les suppositions qu'on voudra sur l'influence que le régime peut exercer sur la ductilité de la soie; pour contester les deux résultats ci-dessus, il faudra d'autres résultats qui les infirment.

Influence des procédés de filature sur la ductilité de la soie.

Comme la ductilité des soies soumises à différents procédés de filature a été un des principaux moyens d'apprécier les effets de ces procédés, je serai obligé de traiter cet objet avec détail dans la troisième partie de ce mémoire, et je me bornerai à dire ici que les procédés ont une influence marquée sur la ductilité de la soie.

§ IV. *Ténacité des soies.*

Au premier abord, il m'avait paru assez naturel de penser que la ténacité de la soie, c'est-à-dire la résistance qu'elle oppose à l'effort qui tend à la rompre, devait être proportionnelle à sa ductilité ; de telle sorte qu'une soie aurait porté un poids d'autant plus considérable qu'elle aurait été susceptible de s'allonger davantage.

Mais j'ai démontré, dans le chapitre précédent, que la ductilité de la soie était en proportion inverse de son titre : pouvait-on alors supposer que les soies les plus fines seraient aussi celles qui supporteraient le poids le plus considérable? c'était difficile à croire.

D'un autre côté, il fallait s'assurer si le contraire avait lieu, et si la résistance de la soie serait en raison de son volume ou de son titre, de manière que la soie la plus grosse serait aussi celle qui supporterait le poids le plus fort. Le raisonnement suivant était en faveur de cette dernière hypothèse.

Je suppose qu'on charge de poids un mètre de fil de soie; il s'allongera d'un dixième par exemple, et portera un poids de 40 grammes : au lieu d'un fil, mettons-en deux; ils s'allongeront, comme l'un et l'autre l'auraient fait séparément, c'est-à-dire d'un décimètre; mais il est évident qu'il aura fallu employer un poids de 80 grammes, puisque chaque fil séparé porte 40 grammes.

Mais l'expérience viendra-t-elle à l'appui de ce raisonnement ? Nous allons examiner cette question avec soin; car, si la ténacité ne suit pas cette règle simple, il faudra admettre qu'elle varie par d'autres causes, et nous aurons intérêt à les connaître.

Influence du titre.

Voici le tableau de la ténacité de plusieurs soies.

	TITRES en deniers.		TITRES décimal.	TÉNACITÉ réelle.	TÉNACITÉ calculée.	DIFFÉRENCES.
		8mes.				
1. Grège jaune d'Alais.	8	1	43	32	32,»	0,»
2. — — ...	10	4	56	26	41,6	15,6
3. Sina..............	11	1	58	45	43,0	»
4. Grège blanche de Ganges..........	11	6	62	46	46,1	»
5. Grège blanch. d'Alais	12	»	64	47	47,6	0,6
6. Trois mues.........	12	4	67	43	49,8	6,8
7. Sina...............	13	2	71	47	52,8	5,8
8. Sina d'Annonay....	13	4	73	47	54,3	7,3
9. Sina (autre)........	14	6	79	41	58,6	17,6
10. Jaune de Sauve.....	14	6	79	33	58,6	25,6
11. Grège d'Espagne....	31	4	169	60	125,7	65,7

Un premier fait ressort de l'étude de ce tableau : c'est qu'à trois exceptions près, les numéros 2, 9 et 10, *la ténacité des soies est proportionnelle à leur titre.*

Or il est aisé de comprendre que quelques erreurs ont pu se glisser dans nos essais, ou que des anomalies accidentelles ont produit les trois exceptions que j'ai signalées. Je considère donc le principe général comme constant; mais la ténacité est-elle *en raison directe* du volume, de telle sorte que les ténacités calculées se rapportent exactement aux résultats de l'expérience?

On voit, dans la troisième colonne du tableau, ces ténacités calculées, en prenant pour base celle de la soie la plus fine. La quatrième colonne montre la différence qui existe entre les résultats de l'expérience et ceux du calcul. Or on voit que ces différences augmentent avec le volume du fil, de manière que la soie la plus grosse est bien par le fait la plus tenace, mais pas en proportion de son volume comparé à celui de la soie fine. Il en résulte donc cette loi :

Le fil de soie a une ténacité qui augmente avec son volume, mais pas en raison directe de ce volume.

Influence de la ductilité sur la ténacité.

Après ce premier résultat, il m'a paru intéressant de m'assurer si la ténacité des soies serait en raison inverse de leur ductilité, de telle sorte que la soie la plus ductile serait aussi la moins tenace.

Voici le tableau que j'ai dressé pour établir cette comparaison :

	DUCTILITÉ	TÉNACITÉS réelle.	TÉNACITÉS calculée.
1. Grège jaune d'Alais.....	165	32	34 »
2. Sina..................	161	47	35 4
3. Sina (autre)............	154	41	36 5
4. Sina (autre)............	148	45	38 »
5. Grège de Ganges.......	134	46	42 »
6. Grège de trois mues....	133	43	42 4
7. Grège jaune d'Alais....	125	26	45 »
8. Blanc d'Alais..........	120	47	47 »
9. Sina, race d'Annonay...	120	47	47 »
10. Grège j. race de Sauve..	106	33	53 »
11. Grège jaune d'Espagne..	51	60	110 »

Ici se représentent les deux ou trois anomalies des numéros 2, 7 et 10, que j'ai déjà signalées; mais, pour les autres termes du tableau, la règle semble assez clairement exprimée, autant, au moins, qu'on peut l'espérer dans des essais de ce genre. On voit, en effet, que la soie la plus ductile, n° 1, est aussi la moins tenace, tandis que celle qui jouit de la plus grande ténacité, le n° 11, est aussi la moins ductile.

Pour rendre les résultats plus clairs, j'ai placé dans une troisième colonne les ténacités calculées, et j'ai pris pour base les nos 8 et 9, qui ont des ténacités et des ductilités pareilles, considérant cette ressemblance comme une garantie d'exactitude. Or, en comparant les chiffres calculés avec les chiffres obtenus par expérience, on voit qu'en beaucoup de points ils ont la plus grande analogie.

Nous en conclurons donc que *la ténacité est, en général, en raison inverse de la ductilité.*

Influence des races sur la ténacité.

Sur cette question nous aurons à remarquer que, sur cinq grèges jaunes, il y en a quatre, les n°s 1, 7, 10 et 11, dont la ténacité réelle est au-dessous de celle calculée; tandis que, sur 6 grèges blanches, il y en a quatre dont la ténacité réelle l'emporte sur les données du calcul.

Il est donc probable que la ténacité des soies de races jaunes est un peu moindre que celle des races blanches.

Influence du climat sur la ténacité.

Enfin, pour tirer tout le parti possible des tableaux ci-dessus, je ferai remarquer que les soies du Nord ont porté, avec un titre moyen de 13, un poids moyen de 42 grammes, et celles du Midi, desquelles je défalque la grège d'Espagne comme exceptionnelle, un poids moyen de 38 grammes avec un titre de 10 6|8.

Or les soies du Nord auraient dû porter 45 grammes au lieu de 42 : on voit qu'elles s'éloignent peu, sous ce rapport, des meilleures soies du Midi, car celles que j'ai employées pour mes essais étaient de premier choix. Il est, sans doute, difficile de rien conclure d'une différence aussi peu considérable; mais je ne veux rien dissimuler, et fournir à mes lecteurs tous les éléments de discussion que j'ai recueillis.

Influence du régime sur la ténacité.

Je n'ai que deux faits à comparer pour vider la question de savoir si le régime auquel le ver a été soumis a de l'influence sur la ténacité de la soie.

Le sina nourri avec le mûrier blanc a fourni une soie dont la ténacité est de 45 grammes.

Le même sina nourri avec addition de farine de riz a donné une soie dont la ténacité est de 41 : or, en raison de son titre, cette soie devait porter 48 grammes; la différence est 7.

Il semblerait résulter de ce fait que les vers qui ont reçu de la farine de riz ont fait une soie un peu moins forte que les autres ; mais, évidemment, d'autres épreuves sont nécessaires (1).

Influence des procédés sur la ténacité de la soie.

Je renvoie, pour connaître l'influence des procédés sur la ténacité de la soie, à la troisième partie de ce mémoire, dans lequel cet objet est traité longuement; je dirai seulement ici que les procédés ont une influence marquée sur la ténacité des soies.

Observations générales.

Il résulte évidemment, du très-grand nombre d'essais que j'ai faits avec le sérimètre, que la ténacité varie

(1) Je recevrai avec reconnaissance les échantillons de soie qu'on voudra bien m'envoyer pour compléter ces recherches. *Rue Jacob*, 18, à Paris.

beaucoup moins, dans les diverses parties d'un même fil, que sa ductilité : aussi, dans les séries de 10 épreuves que j'ai fait subir à chaque soie, ne trouve-t-on le plus souvent qu'une faible différence entre la moyenne et les deux extrêmes ; je puis même dire qu'avec les bonnes soies j'ai eu souvent plusieurs résultats tout à fait identiques et un grand nombre qui différait à peine.

Il n'en a pas été de même pour la ductilité; il est rare que deux mètres de la même soie s'allongent précisément de la même quantité, et souvent les extrêmes sont fort éloignés de la moyenne; aussi, quand ce cas s'est présenté, j'ai multiplié les essais.

A quoi peut tenir cette différence ?

L'expérience nous l'apprendra sans doute.

Il est bon de rappeler ici, comme résultat général, que les poids moyens supportés par les diverses soies essayées ont été de 21 à 73 grammes; la ductilité a été, en moyenne, de 51 au moins et de 197 au plus; en d'autres termes, l'allongement de la soie n'a pas été moindre de 5 pour cent, ni plus considérable que 19,7.

CHAPITRE III.

QUESTIONS GÉNÉRALES.

Arrivé à ce point de mon travail, j'ai dû en concentrer tous les résultats sur quelques questions de la plus haute importance.

1° La soie est-elle une matière homogène ?

2° Doit-on rechercher la soie fine ou la soie grosse ?

3° Quelle est la ductilité absolue de la soie, comparée à celle des autres fils ?

Première question.

La soie est-elle une matière homogène et pareille dans toutes les races et sous tous les climats, de telle sorte que les différences que nous observons tiendraient tantôt à la grosseur ou à la finesse du brin, tantôt aux procédés employés pour la filature ?

Cette question présente, comme on voit, un grand intérêt ; car s'il était démontré que la soie est en elle-même une matière toujours pareille, comme le sucre ou le fer, qui ne présentent de différences qu'autant qu'ils sont impurs ou mal préparés, on verrait tomber à l'instant toutes les objections que se font réciproquement les régions diverses de notre beau pays ; il n'y aurait plus qu'à choisir les meilleures races, c'est-à-dire celles qui donnent le plus de soie, et à lutter pour le perfectionnement des procédés de filature. Or rappelons en peu de mots ce qui a été dit dans les divers chapitres de ce mémoire.

La soie est composée de trois substances, le gluten, la soie proprement dite et la couleur. Dans la soie blanche, il n'y a que deux éléments.

Rien ne nous autorise à croire que le gluten diffère dans les variétés de soie.

La matière colorante ne paraît pas non plus devoir exercer une grande influence sur la qualité de la soie.

D'ailleurs, quand les soies sont cuites, le gluten et la couleur ont disparu ; reste donc la matière soyeuse proprement dite et pure.

Si le fil de soie était un *organe*, il est probable qu'il ne se trouverait pas dix vers qui le fissent exactement pareil ; il varierait autant par sa forme et par sa consistance que les organes varient chez tous les animaux ; mais le fil soyeux n'est pas un organe. La soie est une matière sécrétée dans le corps du ver, rassemblée à l'état liquide dans un réservoir particulier, et destinée à être expulsée mécaniquement à travers les filières sous la forme d'un fil.

Or quelle action le ver peut-il avoir sur la nature de cette substance ? aucune ; pas plus que les différents animaux n'en ont sur les *principes* de leur urine, par exemple, qui sont toujours les mêmes, quelles que soient les variétés qui les ont produits : l'urée est toujours l'urée ; l'acide urique est toujours l'acide urique, etc. En un mot, la soie est ce qu'on appelle, en chimie, *un principe immédiat* dont la composition, toujours uniforme, ne saurait varier dans la classe d'animaux qui le produit.

Sans doute, les proportions de gluten ne seront pas toujours les mêmes, et ces variations pourront avoir de l'influence sur certaines qualités des soies crues ; mais la soie proprement dite sera toujours identique : cela me paraît résulter de la théorie et des faits.

Cependant une propriété sera essentiellement variable dans la soie, c'est son volume. Nous aurons entre la soie la plus grosse et la soie la plus fine une multitude d'intermédiaires qui formeront autant de caractères propres à telles variétés ou à telles autres conditions.

Il sera donc du plus haut intérêt de trancher positivement la deuxième question.

Deuxième question.

La préférence doit-elle être accordée à la soie la plus grosse ou à la plus fine ; en d'autres termes, rechercherons-nous les races et les circonstances qui donnent de la soie fine ou celles qui donnent de la soie grosse?

Si l'on s'en rapportait à ce qui se trouve dans beaucoup d'ouvrages et aux renseignements que peut donner la notoriété publique, on serait tenté de préférer la soie fine. Qui n'a pas entendu dire, par exemple : Tel procédé d'éducation ou telle espèce de ver donne *une soie grossière?* Examinons ce qu'il y a de vrai dans ce langage.

Tous les producteurs de cocons cherchent à les obtenir gros et lourds. Celui qui a des cocons dont il ne faut que deux cents à la livre triomphe de son voisin dont les cocons sont plus légers : cela doit être. Il vend ses cocons au poids et non au compte ; il a donc de l'avantage à faire de gros cocons.

Mais nous savons que les gros cocons sont formés d'une soie plus grosse que celle des petits : voilà donc une tendance à faire de la soie grosse ; mais elle n'est point basée sur les intérêts des filateurs, et le magnanier s'inquiète peu des qualités qu'aura la soie de ses cocons.

Les intérêts du filateur sont différents.

Pour lui, les meilleurs cocons sont ceux qui font le moins de déchet à la filature. On conçoit, en effet, qu'il doit préférer les cocons qui donnent 10 pour cent de soie à ceux qui n'en donnent que sept à huit. Mais cette différence de produit dépend-elle principalement de la grosseur du brin? je ne le pense pas. Elle tient surtout aux autres qualités des cocons. Ainsi, quand il n'y a ni percés, ni satinés, ni faibles, peu de tachés; quand ces cocons sont fermes, épais, serrés dans leur centre, d'un grain fin, ils donnent un bon produit. Or tout cela est indépendant de la grosseur du brin, et résulte des soins, d'un bon régime et de la qualité des feuilles.

Reste donc la question de savoir si le filateur, à qualité égale, devra préférer le cocon dont le brin est faible. Je ne le pense pas.

Pour obtenir un titre donné, il faut un plus grand nombre de cocons, et les difficultés de la filature sont plus grandes à mesure que ce nombre augmente. Avec le brin faible les cocons tiennent peu, et il faut les rattacher et les rebattre sans cesse : la fileuse perd beaucoup de temps et fait beaucoup de déchet; les cocons finissent aussi plus tôt, parce que les couches inférieures de soie sont d'une telle finesse, qu'il est impossible de les dévider.

Avec des cocons dont le brin est fort, c'est-à-dire *gros*, on a tout le contraire.

Mais la soie sera-t-elle de la même qualité lorsqu'à titre égal elle aura dans un cas 5 brins, et dans l'autre 6 à 7, ou bien lorsqu'à nombre égal de cocons elle aura un titre différent? Nous trouverons quelques données applicables à cette question dans les tableaux précédents : je vais les rappeler ici dans l'ordre le plus propre à montrer le résultat.

	NOMBRE égal de cocons.	TITRE.		ÉLASTICITÉ.	DUCTILITÉ.	TÉNACITÉ
		den.	8es.			
1. Grège jaune d'Alais..	4—5	8	1	45	165	82
2. Grège jaune d'Alais, autre............	4—5	10	4	49	125	26
3. Sina de Poitiers......	4—5	11	1	48	148	45
4. Tours, plein air......	4—5	12	»	50	124	42
5. Grège blanche d'Alais,	4—5	12	»	51	120	47
6. Sina, race d'Annonay, Poitiers..........	4—5	13	4	49	120	47
	NOMBRE différent de cocons.	TITRE égal.		ÉLASTICITÉ.	DUCTILITÉ.	TÉNACITÉ
7. Sina de Poitiers......	4—5	11	1	48	148	45
8. Grège blanche de Ganges..............	6—7	11	6	48	134	46

Il résulte de la première partie de ce tableau, dans laquelle sont mises en regard les soies de 4/5 cocons, que les propriétés générales ont suivi les règles posées plus haut; la ductilité est en raison de la finesse, et la ténacité en raison de la grosseur. Il s'ensuit qu'à nombre égal, en employant des cocons à gros brin, on a une soie plus forte, mais moins élastique. Avec des cocons à brin fin, on a une soie d'un titre plus bas, plus élastique et moins tenace.

Les n°s 8 et 9 présentent deux soies pareilles pour le titre, mais dans l'une il y a deux brins de plus que dans l'autre. Or celle qui n'a que quatre brins est plus ductile que l'autre qui en a six. Faut-il en conclure qu'un grand nombre de brins réunis se gênent mutuellement et cèdent moins facilement à la traction qui tend à les allonger ?

Cette explication paraît naturelle. En effet, si les six brins ne se touchaient pas, ils s'allongeraient évidemment de la même quantité qu'un seul, et, puisque, réunis, ils s'allongent moins, il faut bien admettre que leur ductilité se trouve contrariée et diminuée par ce contact.

Ainsi donc, *à titre égal*, une soie sera d'autant plus ductile, qu'elle sera composée d'un plus petit nombre de brins ; il y aura donc avantage à employer des cocons à gros brin.

Mais, *à nombre égal,* les gros cocons donneront probablement une soie moins ductile.

Maintenant, laquelle des deux qualités faudra-t-il rechercher ? La finesse avec la ductilité ; ou bien, la ténacité, la force, avec la grosseur ? Sans aucun doute, l'industrie des soies tirera également bon parti de ces deux genres de produit, parce qu'il y a des usages propres à chacun d'eux ; mais, pour le filateur, il est probable qu'à qualité égale de cocons, il préférera ceux qui ont le brin un peu fort.

Troisième question.

Quelles sont la ténacité et la ductilité absolues de la soie, comparées à celles d'autres fils ?

J'aurais bien voulu que le temps me permît de faire, avec divers fils, un assez grand nombre d'essais pour établir une *unité* qui aurait servi de base et de point de comparaison pour tous mes résultats, mais je n'ai pu y suffire. Je me bornerai donc à citer ici quelques essais qui feront ressortir l'étonnante ductilité de la soie.

DUCTILITÉS				
DU FER.	DU LAITON.	DU CHEVEU.	DU FIL DE COTON.	DU FIL A DENTELL.
112	72	155	46	13
113	72	330	43	27
116	30	338	44	23
110	50	315	28	24
108	13	104	44	»
94	53	357	47	»
113	12	357	25	»
116	20	308	44	»
117	37	310	43	»
111	74	300	43	»
111,0	43,3	289,4	40,7	

Les fils de fer et de laiton employés étaient excessivement fins : on voit que la ductilité du laiton est loin d'atteindre celle des soies médiocres, qui est de 120 au moins.

Quant au fer, il s'en approche davantage ; mais il est dépassé de beaucoup par les soies de première qualité qui vont jusqu'à 200 et plus.

Les épreuves fournies par le fer ont assez de régularité ; mais celles du fil de laiton offrent des extrêmes très-éloignés ; il ne faut donc pas être trop difficile pour la soie, qui ne saurait atteindre, dans aucun cas, la perfection d'un fil métallique tiré à une filière unique, et qui ne peut changer au moins pour le fil composant une bobine comme celle que je me suis procurée.

Je n'ai pu apprécier la ténacité des fils métalliques, parce que l'échelle du sérimètre était insuffisante.

Le fil de coton, soumis à l'instrument, est le plus fin que j'aie pu me procurer. On voit que sa ductilité est assez uniforme, ce qui prouve incontestablement sa bonne fabrication; sur dix essais d'un mètre il n'y a que deux anomalies.

Je m'étais procuré, à grands frais par parenthèse, un petit écheveau de fil à dentelle nº 400; j'ai fait avec lui quatre épreuves seulement; elles prouvent aussi l'étonnante régularité de ce fil, fait à la main cependant! Quant à la ténacité, voici les quatre poids: 11, 24, 18 et 22.

Enfin on sera, sans doute, étonné de la prodigieuse ductilité du cheveu; un allongement qui a dépassé plusieurs fois 35 pour cent est assurément un phénomène. Comme on dit vulgairement: *il faut le voir pour le croire*; mais, comme l'expérience est très-facile à répéter, on pourra se convaincre de sa réalité. Seulement il faudra avoir soin, en pinçant le cheveu, de ne pas trop le comprimer; il se coupe beaucoup plus facilement que la soie. Les dix cheveux essayés ont porté un poids moyen de 49 grammes; plusieurs fois il s'est élevé à 60. Ce résultat n'est guère moins curieux que l'autre.

Il résulte de ce petit nombre d'essais que la soie est infiniment plus ductile que le coton, le lin, le laiton et le fer, mais aussi qu'elle est dépassée de beaucoup par le cheveu, dont la *ténacité* est aussi des plus remarquables.

TROISIÈME PARTIE.

COMPARAISON DES PROCÉDÉS.

Après avoir déterminé tout ce que les circonstances naturelles d'une part, les systèmes d'éducation de l'autre, et en partie les procédés de filature, pouvaient avoir d'influence sur les propriétés de la soie, il fallait aussi examiner les procédés en eux-mêmes, les varier, les comparer, et faire un choix raisonné. Pour procéder avec ordre et ne rien omettre, autant qu'il était possible au moins dans un premier travail, j'ai divisé cette étude en sept chapitres, dans lesquels j'examinerai successivement les questions les plus importantes de la filature.

On conçoit que tout ce travail avait nécessairement pour base et pour point de départ un procédé d'appréciation exact et expéditif, qui permît de comparer les soies entre elles. Le sérimètre a rempli ce but en donnant la mesure de la ductilité et de la ténacité de tous les échantillons. Pour que ces nombreux essais eussent quelque valeur, il fallait nécessairement partir d'un élément commun.

En conséquence, j'ai opéré sur deux espèces de cocons : le sina et la race blanche de Tours.

Le sina a été filé à $\frac{7}{8}$ avec le plus grand soin.

Le blanc de Tours a 6 cocons fixes avec une parfaite régularité. Je n'ai pas quitté la fileuse un seul instant; la même main a fait tous les écheveaux; on a employé toujours la même eau, le même tour, la même tourneuse. Tous les essais ont été faits en février 1839, avec un temps assez uniforme et dans le même local.

Je peux donc dire que je me suis placé, autant qu'il était possible, dans des circonstances tellement semblables, que je puis attribuer aux procédés seuls les différences que présentent les soies. Du reste, plusieurs de nos résultats s'accordent parfaitement avec l'opinion des filateurs expérimentés. Je ne regrette pas pour cela la peine que j'ai prise pour les obtenir; ce sont maintenant des principes acquis par la pratique des industriels, et confirmés par l'expérimentation. Quant aux choses restées douteuses, elles pourront recevoir plus tard une meilleure solution. Je ne pouvais pas tout faire en une fois, et sans doute plus d'un expérimentateur entrera dans la voie que je viens d'ouvrir et contribuera à l'aplanir.

CHAPITRE PREMIER.

§ Ier. *Distance de l'eau.*

Pour peu qu'on se soit rendu compte des propriétés de la soie et des effets de la filature, on ne peut douter qu'il y ait là une question importante à examiner. En effet, entre des brins de soie saisis immédiatement par la filière et la croisade au sortir de l'eau, encore chauds et tout humides, et ces mêmes brins se présentant froids et déjà secs à l'action de ces agents, il doit y avoir une différence peut-être très-considérable.

Rappelons-nous que c'est le gluten de la soie qui fait adhérer les brins entre eux, et que son enlèvement divise et sépare même les deux fils dont est composé la bave ou brin simple. Rappelons-nous que l'eau, même bouillante, ne dissout pas le gluten et le ramollit seulement.

Maintenant citons des faits et des expériences, les conséquences viendront après. Pour les échantillons qui ont été filés *près de l'eau*, on a placé les filières aussi près que possible de sa surface, en laissant seulement à la fileuse l'espace nécessaire pour jeter les bouts.

Dans le cas, au contraire, où l'on a voulu filer *loin de l'eau*, les filières ont été élevées à plus de 3 décimètres de sa surface.

		TITRE décimal.	Ductilité.	Ténacité.
1 Sina, filature simple avec 7 frottements, sans croisade ni torsion..........	loin de l'eau.	73	132	59
	près de l'eau.	80	123	55
2 Sina, filature avec torsion..........	loin de l'eau.	87	92	56
	près de l'eau.	62	108	39
3 Blanc de Tours, filature avec torsion.	loin de l'eau.	84	132	42
	près de l'eau.	87	148	66
4 Blanc de Tours, filature avec croisade double..........	loin de l'eau..	78	159	47
	près de l'eau.	79	121	46

Les résultats de ce tableau n'indiquent pas clairement une influence exercée par les deux procédés employés.

Dans le n° 1, la soie filée près de l'eau est moins ductile et moins forte.

Il en est de même dans le n° 4; mais, pour les n°s 2 et 3, l'effet contraire semble avoir été obtenu.

Du reste, la différence des deux soies du n° 2 s'explique très-bien par leur différence de titre; celle dont le titre est 87 a une ductilité moindre et une ténacité plus forte que celle qui a 62 de titre.

Ces expériences laissent donc la question indécise

quant à l'influence exercée sur la ductilité et la ténacité des soies.

Je suis persuadé que je n'ai pas mis assez de différence dans les deux manières d'opérer, parce qu'il me paraît impossible qu'il n'y ait pas une action différente de la part des agents de la filature, quand ils agissent sur la soie près ou loin de l'eau. Je reviendrai sur ces essais.

§ II. *Frottements simples.*

Tout le monde sait ce qu'on entend par *croisade.* J'ai voulu m'assurer s'il n'y aurait pas moyen de faire une soie passable en évitant ce procédé et ses inconvénients principaux : le mariage et les ruptures fréquentes.

Pour cela, j'ai fait éprouver à la soie, au sortir de la bassine, un certain nombre de *frottements*, en la faisant passer par plusieurs barbins disposés de manière à produire une grande résistance. La soie marchait donc en zigzags; les deux brins ne se touchaient pas. A cette occasion, je ferai remarquer l'inconvénient que présentent les barbins ou guides de verre. La soie s'y attache, s'y colle chaque fois qu'on arrête le tour, et, si l'on n'a pas soin de la détacher avec la main, le bout est rompu. On peut se rendre compte de cet effet : le verre est un mauvais conducteur du calorique; le point sur lequel le fil de soie passe avec rapidité s'échauffe donc; puis, au moment où le tour s'arrête, cette chaleur sèche le point du fil qui touche le verre et le fait adhérer; aussi j'ai supprimé tous les guides de verre, et, comme le fer a l'inconvénient de rouiller, j'ai fait faire des guides ou barbins en platine. Je ferai connaître le résultat de ce changement.

Voici les échantillons préparés par frottement, et leurs qualités. J'ai mis en regard, à titre de comparaison, la même soie filée par le procédé de la double croisade.

	TITRE DÉCIMAL.	DUCTILITÉ.	TÉNACITÉ.
Sina, filature simple, avec 7 frottemens très-forts	80	123	55
Sina, autre	86	162	47
Sina, filature avec croisade double, à 40 tours	83	124	57
Sina, filature avec croisade double à 40 tours	68	127	50
Blanc de Tours, filature simple	75	102	47
— autre	82	132	45
— autre	83	143	48
— autre	88	146	47
Blanc de Tours, filature avec croisade double à 40 tours	79	121	46
— autre	74	132	49

Il résulte évidemment de ce tableau qu'en combinant d'une manière convenable les frottements qu'on fait subir au fil de soie, on obtient une grège qui ne le cède en rien, pour la ténacité et la ductilité, aux grèges les plus fortement croisadées.

Ce résultat ne m'étonne pas, car je ne vois pas pourquoi les frottements ne remplaceraient pas une grande partie au moins des avantages que donne la *compression* exercée sur la soie dans la croisade.

On remarquera que je n'ai comparé les soies dont il est question qu'avec la grège *fortement croisadée :* si je les avais mises en regard avec d'autres, le résultat ne serait pas le même; mais j'ai considéré la soie croisadée comme le point de comparaison le plus convenable.

Quant à l'aspect particulier que le procédé des frottements donne à la soie, voici ce que j'ai pu remarquer : La soie paraît plate et doit l'être; mais je ne crois pas que cela soit un grand inconvénient lorsqu'elle jouit d'ailleurs des autres qualités qu'on recherche; or l'une d'elles est *le brillant*, et les soies non croisadées en jouissent au plus haut degré: plus la soie est croisadée, et plus elle est terne, cela est évident. Voilà donc un avantage; mais je reconnais qu'il y a des défauts : par exemple, cette soie est *cotonneuse;* on y distingue les extrémités des bouts jetés par la fileuse; les bouchons s'y trouvent aussi en assez grand nombre.

Pourra-t-on éviter ces défauts en conservant le procédé et ses avantages principaux, qui sont d'éviter les mariages et de donner une soie éclatante? Je ferai mes efforts pour y parvenir, parce que la suppression de la croisade simplifierait beaucoup la filature.

§ III. *Croisade.*

On appelle *croisade* l'opération par laquelle les deux fils que conduit une fileuse sont enroulés l'un sur l'autre en spirale ou hélice.

On donne le même nom au *mécanisme* qui exécute cette opération.

Enfin il s'applique également à la partie des deux fils actuellement enroulée, et l'on dit, par conséquent, un pouce, deux pouces de *croisade*.

Il faut absolument, si l'on veut s'entendre à l'avenir, dans les discussions qui s'élèveront au sujet de la filature, préciser les termes et les choses auxquelles ils s'appliquent.

Je conserverai donc le mot de *croisade* pour l'opération qui exécute la *croisade*, et surtout pour le fait même de l'enroulement des deux fils; et je dirai 10 tours, 40 tours de *croisade*; 1 centimètre, 2 centimètres de *croisade*.

J'appellerai *croiseur*, comme le font déjà plusieurs personnes, le mécanisme qui produit la *croisade*, et je pourrai dire aussi 10 tours, 40 tours de *croiseur*, ce qui aura la même signification que 10 tours, 40 tours de *croisade*.

Je supprimerai entièrement le mot de *croisure* toutes les fois qu'il s'agira du *croiseur* ou de la *croisade*. Ce mot ne sera employé qu'à propos des effets du *va-et-vient*, et s'appliquera, par conséquent, à la *répartition des fils sur l'asple*, répartition qui leur donne une bonne ou une mauvaise *croisure*.

Une soie bien *croisée* sera donc celle dont les écheveaux produits par un bon système de va-et-vient pourront être dévidés avec facilité.

Une soie bien *croisadée* sera celle qui aura éprouvé l'action d'une *croisade très-forte*, et en aura reçu toutes les qualités qu'elle donne.

Maintenant il est indispensable de se rendre bien compte des effets de la croisade : sans aucun doute, ils sont parfaitement compris par le plus grand nombre des personnes qui ont filé de la soie ; mais il peut arriver que cet écrit tombe dans les mains de personnes novices : c'est pour elles que je vais parler.

Ce serait une grande erreur de croire que la croisade a une analogie quelconque avec la *torsion ;* celle-ci, en effet, enroule deux ou plusieurs fils l'un sur l'autre, et les laisse dans cet état : chacun des fils a donc la forme d'une hélice allongée ou d'un tire-bouchon, et conserve cette forme.

Dans la filature de la soie, au contraire, les 5 à 6 brins simples qui se réunissent et se collent pour former la soie grège sont longitudinalement *juxtaposés*, et ne sont nullement enroulés l'un sur l'autre. Arrivés à la croisade, les deux fils de soie grège sont, à la vérité, momentanément *tordus* ou enroulés l'un sur l'autre ; mais, cet effet disparaissant bientôt, les deux fils reprennent leur forme primitive et vont se fixer séparément sur l'asple : il ne subsiste donc aucune *torsion.*

Si l'on arrête tout à coup le tour, et qu'on *mollisse*, c'est-à-dire qu'on fasse revenir l'asple en sens contraire, de manière à faire disparaître momentanément la tension des fils, on observe alors qu'ils prennent à un faible degré une forme de spirale ou tire-bouchon ; mais, comme ce ralentissement n'a pas lieu pendant la filature, comme le fil va se fixer sur l'asple avec toute la tension que produit la résistance de la croisade et des autres frottements, il en résulte que le fil ne conserve rien de la *torsion* qu'il a subie quant à la forme générale.

Maintenant, quel est l'effet de la croisade?

On a paru quelquefois disposé à croire que c'était un *frottement* des deux fils l'un sur l'autre; mais, pour qu'il en fût ainsi, il faudrait que l'un des fils fût immobile pendant que l'autre marcherait, ou bien que la vitesse des deux fils ne fût pas la même; car le frottement n'a lieu qu'autant qu'un corps en mouvement rencontre un corps immobile, ou qui du moins marche moins vite que lui. Or, dans la croisade, les deux fils sont animés de la même vitesse, et cela est même indispensable; car, s'il en était autrement, et j'en ai fait l'épreuve, le fil qui marcherait plus vite que l'autre l'entraînerait constamment, et il y aurait *mariage*.

Il est donc évident qu'il n'y a pas *frottement*, dans l'acception ordinaire du mot, dans l'opération de la croisade. Cependant il y a là un effet, et un effet considérable; cet effet n'est autre qu'une *compression* : il y a *compression* des deux fils l'un sur l'autre; il y a un effet exactement pareil à celui qu'on obtient en *tordant* une corde ou un linge mouillés : les différentes parties de la corde ou du linge sont pressées l'une sur l'autre, sont comprimées, et l'eau qui les sépare est expulsée par cet effort.

Voilà ce qui se passe dans la croisade, et, quand on l'observe, on en est bientôt convaincu; le nuage de vapeur et les goutteletttes d'eau qui s'en échappent en sont des preuves irrécusables.

Quant à la détermination de ses effets sur la soie, quant aux modifications qu'elle peut recevoir, j'en ferai le sujet d'un examen détaillé contenu dans les paragraphes qui suivent.

Je dirai seulement que la croisade peut varier, principalement sous le rapport du nombre de tours dont elle est composée. Son *étendue*, c'est-à-dire celle des deux parties de fil enroulées, dépend soit du nombre des enroulements, soit de leur forme ; de telle sorte qu'en faisant varier certaines conditions, 20 tours de croisade peuvent avoir une longueur de 1 ou de 2 centimètres. Dans le premier cas, l'hélice ou spirale formée par les fils est très-serrée ; dans l'autre cas, cette hélice est très-allongée. Dans le premier cas, la compression est très-forte ; dans le second, beaucoup moindre.

§ IV. *Croisade simple.*

La croisade simple est celle dans laquelle les deux fils sont enroulés un certain nombre de fois, toujours dans le même sens (voir la fig. 1, pl. VI) : cette croisade est la plus usitée ; on l'opère avec les doigts en roulant les deux fils l'un sur l'autre, ou bien encore en la tordant par une manœuvre des mains qui permet de compter le nombre des enroulements.

Le plus ordinairement on ne compte pas le nombre de tours, mais on estime l'*étendue* de la croisade (F, fig. 1).

J'ai cru devoir, pour plus de précision, compter exactement le nombre des enroulements. Rien ne m'était plus facile. Après avoir donné à la soie deux croisades comptées par le croiseur de Vaucanson, je détruisais la seconde avant d'attacher les fils à l'asple.

Il est évident que les chances de ruptures, et surtout de mariages, sont diminuées de beaucoup dans la croisade simple, comparée à la croisade double. En effet, le mariage n'a lieu qu'autant que la rupture a lieu entre l'asple et la croisade (en G ou H, fig. 1, pl. VI). Dans la croisade double, au contraire, le mariage se fait quand la rupture a lieu dans trois parties différentes du même fil E F G ou H I K (fig. 2).

Il était donc intéressant de comparer les effets de la croisade simple à ceux de la croisade double. Quant à la difficulté d'opérer la croisade simple à tours comptés, de manière qu'elle soit toujours uniforme et indépendante de l'adresse ou de la volonté de la fileuse, elle me paraît d'une solution peu difficile, et j'ai quelques raisons de croire que M. Geffray, qui s'en est occupé, est arrivé à un résultat satisfaisant.

Voici maintenant les essais comparatifs qui ont été faits. Il est à remarquer que les soies qui ont reçu 10 tours de croisade se sont trouvées croisadées 20 fois par l'effet des 10 tours de croisade double. Celles qui ont été croisadées 40 fois avaient, dans un cas, 40 tours, et dans l'autre 80. Je suis resté dans ces conditions, parce que le mécanisme qui devra donner les 10 tours de croisade *simple* devra faire autant d'évolutions que celui qui donnera les 10 tours de croisade *double*.

Du reste, nous comparerons aussi les soies qui ont reçu 40 tours de croisade simple, et 10 seulement, c'est-à-dire 20 enroulements par la croisade double.

	CROISADES simples.		CROISADES doubles.	
	Ductilité.	Ténacité.	Ductilité.	Ténacité.
Sina, 10 tours croisade aiguë..	183	42	135	46
Sina, 10 tours croisade large..	169	59	115	52
Sina, 40 tours croisade aiguë..	175	61	165	60
Sina, 40 tours croisade large..	197	73	124	57
Blanc de Tours, 40 tours croisade large..................	174	45	132	49
Blanc de Tours, 40 tours croisade, autre................	163	56	121	46
Moyennes........	177	56	132	51

Les conséquences qu'on peut tirer de ce tableau sont de la plus grande évidence et surabondamment démontrées, tant par l'unanimité des résultats que par leur caractère tranché.

La croisade simple présente sur la croisade double un avantage considérable ; elle a donné à la soie une ductilité bien supérieure, tout en lui conservant une force qui l'emporte aussi sensiblement sur celle des soies soumises à la double croisade. L'avantage est tellement grand, que les soies qui n'ont reçu que 10 tours de croisade simple l'emportent encore sur celles qui ont reçu 40 tours de croisade double, c'est-à-dire 80 torsions.

N'est-on pas forcé de conclure de ces faits que la croisade double fatigue et énerve la soie ? Ce résultat s'accorde parfaitement avec l'observation consignée dans un chapitre précédent, et qui prouve que la croisade double diminue le titre de la soie, nécessairement en l'allongeant, en épuisant sa ductilité.

Resterait à déterminer si, dans les opérations subséquentes de l'ouvraison, de la cuite, de la teinture et du tissage, la soie qui aurait reçu la croisade simple seulement aurait les mêmes avantages que la soie filée à la double croisade. Je suis tout à fait incompétent pour résoudre cette question ; mais, si les renseignements que j'ai pris sont exacts, il serait à peu près impossible aux consommateurs de soie de distinguer celles qui auraient subi l'une ou l'autre action : ils sauraient bien apprécier une soie en elle-même, mais sans pouvoir préciser la cause de ses qualités ou de ses défauts. Il est d'ailleurs constant qu'un grand nombre de filateurs n'emploient pas la double croisade, et je ne sache pas que leurs soies passent pour inférieures.

Cependant comme on n'a pas jusqu'ici appliqué aux tours un procédé qui fixât d'une manière certaine le nombre d'enroulements de la croisade simple, il pourrait se faire que cette cause d'irrégularité ait eu une influence fâcheuse sur les soies ; mais, à part cette circonstance, la croisade simple doit évidemment être préférée :

1° Parce qu'elle donne à la soie un degré d'élasticité et de force remarquable ;

2° Parce qu'elle diminue des deux tiers les chances de mariage et de rupture ;

3° Parce qu'elle permet d'obtenir un titre donné avec un moins grand nombre de cocons, ce qui diminue aussi les chances d'irrégularité.

Si l'on veut bien se reporter au paragraphe précédent et jeter les yeux sur le tableau qui donne les degrés de ductilité et de ténacité des soies obtenues par frottements simples, on verra que ces soies n'approchent pas, pour la qualité, de celles qui ont reçu la croisade simple, tandis qu'elles paraissent égaler les soies filées à la double croisade ; cela devait être.

Enfin, si l'on cherche à comparer le brillant de ces trois produits, on croit voir que la soie à croisade simple tient le milieu entre celle qui n'a pas été croisadée et celle qui l'a été doublement.

Quant à la différence qui existe, sous ce même rapport, entre ces deux dernières, elle est frappante. On le conçoit. J'ai prouvé, je pense, que la croisade ne tordait pas la soie ; mais la compression qu'elle exerce sur elle doit lui imprimer une multitude de petites sinuosités, de petites facettes qui rompent le jeu de la lumière, tout comme le dépolissage détruit l'éclat du verre. Il en résulte que la soie est d'autant plus terne qu'elle a été plus croisadée. Or, dans la croisade simple, qui n'exerce cette compression que dans un sens, le nombre des sinuosités est diminué de beaucoup, et la soie conserve davantage de son brillant : c'est une raison de plus pour préférer la croisade simple.

§ V. *Croisade double.*

La croisade double se distingue de la croisade simple par deux caractères principaux. (Voyez la fig. 2, pl. VI.)

1° A chaque évolution du mécanisme qui la produit,

les deux fils sont enroulés *deux fois* l'un sur l'autre en D et en B, de telle sorte que dix tours de croisade double équivalent à vingt tours de croisade simple.

2° La croisade est divisée en deux parties, et les fils sont enroulés en *sens contraire* dans chacune d'elles, comme on peut le voir dans la figure.

Je me contente d'énoncer ces faits, mon but n'étant pas de discuter ou de décrire les choses sur lesquelles on est d'accord.

Mais ce qu'il importe de constater, c'est que la croisade double *peut* avoir, indépendamment du nombre d'enroulements, une action différente de celle de la croisade simple, puisque la compression des fils ne s'exerce pas de même.

Reste à comparer les effets des deux procédés, ou plutôt cette comparaison a eu lieu dans les chapitres précédents, et je n'ai qu'à rappeler ici ses résultats.

1° La croisade double diminue sensiblement le titre de la soie, de telle sorte que 4 cocons dont le titre devait être 10 ne donnent que 8 par exemple.

2° La croisade double énerve la soie au point qu'elle réduit sensiblement sa ductilité et sa force.

3° Elle détruit en grande partie le brillant de la soie.

4° Elle expose à beaucoup de mariages et nécessite, par conséquent, l'emploi des brise-mariages.

5° Elle occasionne de fréquentes ruptures des fils par suite de la résistance qu'elle oppose à leur marche.

6° Son avantage principal est la propreté qu'elle donne à la soie, parce que les bouchons ne passent que difficilement dans la double croisade.

7° Quant à la rondeur qu'elle donne au fil, elle est

plutôt apparente que réelle, puisque c'est aux dépens du brillant, qui disparaît par suite des nombreuses sinuosités imprimées à la soie.

8° Enfin la croisade simple paraît devoir être préférée à la croisade double sous tous les rapports.

§ VI. *Proportion des angles des croisades.*

On a pu remarquer, dans les différents tableaux qui précèdent, qu'une partie des échantillons ont été faits sous l'influence d'une croisade *aiguë*, et d'autres d'une croisade *large*. La figure 1 de la planche VI représente l'angle que forment les deux fils soumis à une croisade aiguë; dans la figure 2, la croisade est large.

Dans le cas de la croisade *aiguë*, l'angle avait une ouverture de 70 degrés.

Dans la croisade *large*, l'angle avait 110 degrés.

Or il était aisé de voir que l'influence de ces deux dispositions était fort différente. Pendant que la filature marchait sous l'angle aigu, si l'on écartait tout à coup les deux fils de manière à élargir l'angle, on voyait aussitôt augmenter d'une manière très-sensible le nuage de vapeur qui se forme autour de la croisade; bien plus, ce nuage se convertissait en une sorte de pluie que la main pouvait recevoir (1).

(1) L'observation de cet effet du nuage de vapeur et de ce nuage même est d'autant plus facile que la température est plus froide. Dans l'été, le nuage est à peine visible; mais si l'on augmente tout à coup la vitesse de l'asple, ou si l'on élargit beaucoup l'angle de la croisade, on peut recevoir, sur le dos de la main, les gouttelettes d'eau expulsées de la soie.

Il était donc évident que les proportions de l'angle de la croisade pouvaient avoir une influence marquée sur la manière dont les fils de soie seraient comprimés, réunis et séchés.

En conséquence, quelques échantillons ont été faits dans le but d'éclairer cette question.

	DUCTILITÉ.		TÉNACITÉ.	
	CROISADE aiguë.	CROISADE large.	CROISADE aiguë.	CROISADE large.
Sina, 10 tours simples...........	183	169	42	59
— 40 tours simples...........	175	197	61	73
— 10 tours doubles...........	135	115	46	52
— 40 tours doubles...........	165	124	60	57
Blancs de Tours, 10 tours doubles..	144	175	43	53
— 40 tours doubles..	145	132	43	49
Moyennes.........	157	152	49	57

On conçoit que, dans des essais de ce genre, on est exposé à rencontrer un certain nombre de résultats contradictoires, aussi devient-il nécessaire de multiplier les expériences et de prendre des moyennes ; mais, quand on a rempli cette condition, les moyennes ont une valeur réelle : chacune de celles qui résultent du tableau ci-dessus a été obtenue par 60 épreuves au moins, il en a été fait 250 en tout.

Je pense donc que nous pouvons raisonner d'après elles. Il en résulte que la soie soumise à l'action d'une croisade aiguë a conservé un degré de ductilité plus grand que celui de la soie dans la filature de laquelle la croisade a été très-large. Ce résultat ne doit pas nous étonner; il cadre parfaitement avec ceux qui précèdent. L'élargissement de l'angle a augmenté considérablement la résistance de la croisade et a dû énerver la soie; mais, d'un autre côté, la ductilité plus grande, conservée par la soie filée sous un angle aigu, a réduit sa ténacité, qui est en raison inverse de la ductilité, comme nous l'avons prouvé plus haut.

Il faudra donc faire un choix entre ces deux propriétés, quand il s'agira de déterminer la largeur de l'angle sous lequel on fera marcher la soie. Du reste, on aura à tenir compte ici d'une considération importante. J'ai déjà fait remarquer que l'élargissement de l'angle déterminait l'expulsion d'une plus grande quantité d'eau. Or, si l'eau qu'on emploie n'est pas parfaitement pure et peut altérer l'éclat de la soie par le dépôt, à sa surface, d'un peu de matière calcaire, il sera très-important de *tordre*, de *comprimer* la soie le plus possible pour chasser cette eau.

Si l'on cherche à obtenir des soies premier blanc, il y aura encore un grand avantage à exprimer le fil le plus possible, pour éviter que l'eau de la bassine ne ternisse la blancheur de la soie en déposant à sa surface ce que lui fournissent les chrysalides.

Enfin, si l'on file par un mauvais temps ou dans des ateliers mal ventilés, il y aura encore un grand intérêt à faire arriver la soie sur l'asple aussi sèche que possible.

Dans ces différents cas, il faudra donc employer la *croisade large*.

On l'évitera, au contraire, toutes les fois qu'elle ne sera pas indispensable, afin de conserver à la soie son éclat et son élasticité.

§ VII. *Croisade sur fil fixe.*

J'ai expliqué plus haut en quoi consiste l'effet de la croisade, et j'ai démontré que c'était une compression proportionnée à certaines conditions.

Il m'a paru intéressant d'essayer une combinaison dans laquelle se trouvent réunis les effets de la croisade et ceux du frottement. Malheureusement je n'ai pu faire ces essais qu'avec une fileuse peu expérimentée, en sorte que je n'ose pas m'appuyer sur leur résultat : il sera nécessaire d'y revenir. Je le ferai; mais, si quelque filateur zélé voulait les répéter aussi de son côté, nous saurions plutôt à quoi nous en tenir. Voici en quoi ils ont consisté :

Le tour employé était muni du croiseur de Vaucanson; mais, au lieu d'y passer deux fils de soie pareils et formés de brins sortant de la bassine, j'ai remplacé l'un d'eux par un fil d'une autre espèce, RG, fig. 1, pl. VI, que j'ai attaché d'un côté au guide du va-et-vient en A, absolument comme un fil ordinaire; son autre extrémité, passant par la filière R, était tendue par un poids C. Alors j'ai fait tourner la lunette de la croisade, comme si j'avais affaire à deux fils de grège, et opéré la torsion; puis j'ai fait marcher le tour : mais il est évident que le fil de soie était seul entraîné par l'asple, tandis que l'autre fil, fixé au va-et-vient, restait immobile.

J'avais donc, dans cette opération, la compression résultant de la croisade, puisque le fil immobile recevait du poids suspendu à son extrémité une tension équivalente à celle qu'aurait produite la traction de l'asple.

J'avais, d'un autre côté, les effets de frottement, parce

que le fil de soie marchant seul, sur un autre fil immobile, éprouvait là un frottement proportionnel à la résistance et au nombre de points en contact.

Je pouvais varier à volonté les effets de la compression et du frottement en augmentant le nombre de tours de croisade ou les angles sous lesquels elle s'opérait.

Je ne me suis pas contenté de ce premier essai. J'ai employé successivement, pour remplacer le fil de soie, un fil de laine, de coton, de lin et de soie tordue ou plate.

La filature sur coton et sur lin n'a pu aller longtemps; le brin cassait et se collait à chaque interruption de la marche du tour.

Je n'ai pas été plus heureux avec la soie tordue ou plate.

Mais avec un fil de laine, de ceux qui servent au tricot ou à la tapisserie, la filature a très-bien marché, et la soie soumise à diverses épreuves a paru d'une très-bonne qualité. J'ai dit plus haut pourquoi je ne pousserais pas plus loin les conséquences de ces essais.

Du reste, voici les avantages qu'on pourrait trouver dans cette pratique.

1° Absence complète de mariages ;

2° Effets de la croisade pour comprimer et sécher la soie ;

3° Effets des frottements pour unir et polir le fil.

Je reviendrai sur ces tentatives, et j'invite les filateurs à les répéter.

§ VIII. *Vitesse.*

Quelle est l'influence de la vitesse de la filature sur la qualité du fil de soie?

Faut-il filer vite ou lentement? Cette question est du plus haut intérêt, et je ne saurais trop insister pour la résoudre. Elle peut être posée en d'autres termes: Faut-il donner à une fileuse deux ou un plus grand nombre de brins à entretenir? Il est évident, en effet, que la vitesse de l'opération devra être proportionnelle au nombre de bouts; de telle sorte que le tour ira d'autant plus lentement que la fileuse aura un plus grand nombre de bouts à entretenir. Dans l'état actuel des choses, une grande vitesse paraît avoir été préférée, puisque les fileuses n'entretiennent généralement que deux brins, et dans cette condition le tour peut marcher très-vite. Je considérerai cette vitesse comme la plus grande qu'on puisse donner.

Il est certain que dans quelques établissements on agit différemment, et l'on m'a assuré qu'on avait vu des fileuses entretenir jusqu'à 70 brins! Il est évident que, dans ce cas, l'asple devait marcher avec une extrême lenteur. Quant à la filature à 4 brins, elle est plus commune, dit-on. J'avoue que je n'ai pu avoir aucun renseignement précis sur cet objet. J'ignore quels avantages et quels inconvénients on a reconnus à ces différents systèmes. Je ne sache pas que les soies obtenues ainsi aient un renom de bonne ou mauvaise qualité. Pour moi donc cette question de la vitesse était entièrement neuve, et j'ai dû l'étudier de mon mieux.

Pour peu qu'on observe l'opération de la filature et

qu'on fasse varier la vitesse de l'asple de manière à obtenir des termes un peu éloignés, on s'aperçoit aussitôt que la vitesse a une influence marquée.

En effet, supposons qu'avec un mouvement lent la croisade présente une étendue de trois centimètres. Si vous doublez tout à coup la vitesse de l'asple, la croisade sera réduite à l'instant à deux centimètres à peu près, et l'angle qu'elle forme sera élargi sensiblement. D'un autre côté, si vous avez bien remarqué le petit nuage de vapeur produit par la croisade, vous verrez qu'il sera considérablement augmenté au moment où la vitesse devient plus grande.

Ces faits, entièrement conformes à la théorie, commandaient une étude soignée des effets de la vitesse.

Commençons par examiner si des soies filées avec des vitesses variées ont présenté quelques différences aux moyens d'appréciation que j'avais à ma disposition.

Voici le tableau des essais entrepris dans ce but :

	DUCTILITÉ.		TÉNACITÉ.	
	Filature lente.	Filature rapide.	Filature lente.	Filature rapide.
1 Sina, croisade simple.....	183	169	42	59
2 — croisade double.....	118	115	43	52
3 — torsion............	108	92	59	56
4 Tours, croisade simple...	163	174	56	45
5 — croisade double...	145	175	51	53

Nous trouvons ici deux séries de résultats contradictoires. Dans les nos 1, 2 et 3, la rapidité imprimée à la filature semble avoir diminué la ductilité de la soie, et, par contre-coup, augmenté la ténacité.

Dans les nos 4 et 5, l'effet contraire a eu lieu.

Il est difficile de trouver la cause de ces résultats dans la différence de nature des deux soies ; mais un fait non douteux, c'est que les degrés de ductilité sont proportionnels aux titres des soies ; il paraîtrait donc qu'une vitesse plus grande n'aurait pas toujours diminué le volume de la soie, et que, quand cela aurait eu lieu, la soie aurait conservé le degré de ductilité proportionnel à son titre.

Je me propose de renouveler ces expériences avec le plus grand soin, parce que la question me paraît d'une haute importance. Quant à présent, nous pouvons établir les considérations suivantes :

1° Une grande vitesse imprimée à la soie concourt à la mieux sécher.

2° L'entretien des bouts devient plus difficile et exige, de la part de la fileuse, beaucoup de soin et d'adresse.

3° Avec la filature lente, il faut bien se garder de battre un trop grand nombre de cocons, parce que, s'ils séjournaient longtemps dans l'eau chaude, ils fourniraient beaucoup de bouchons.

4° Dans la filature lente, les brins cassent moins souvent ; mais le bout est plus difficile à jeter.

5° On est exposé à ne pas s'apercevoir que des cocons cessent de tourner ; c'est là une cause grave d'irrégularité.

6° On peut filer dans une eau moins chaude.

Toutes ces considérations rendent la solution de la question fort douteuse : je renonce à l'obtenir dès à présent, n'ayant plus les moyens de répéter les expériences.

§ IX. *Nombre des tours de la croisade.*

Il est certain que, dans l'état actuel des choses, on croit avoir fait le mieux possible quand on a donné aux fils de soie le plus grand nombre de tours de croisade qu'ils peuvent supporter. Pour moi, il ne suffit pas que cette opinion existe; il faut que l'expérimentation m'ait démontré qu'il y a avantage à multiplier les tours de croisade, abstraction faite de toute autre circonstance. Il faut que je m'assure si ce grand nombre de tours ne peut être remplacé par une autre condition plus simple, plus facile à remplir, moins sujette à varier. Tous les éléments de cette discussion se trouvent dans les tableaux qui précèdent; il n'y a plus qu'à les présenter de manière à faire ressortir leurs conséquences, les voici :

	DUCTILITÉ		TÉNACITÉ.	
	10 tours.	40 tours.	10 tours.	40 tours.
1 Sina, croisade simple, aiguë	183	175	42	61
2 — large.	169	197	59	73
3 — double, aiguë	135	165	46	60
4 — — large.	115	124	52	57
5 Tours — — aiguë	144	145	43	43
6 — — — large.	175	121	53	53
Moyennes......	153	154	49	57

Il semble résulter de ces moyennes que l'augmentation du nombre de tours de la croisade a été sans influence sur la ductilité de la soie. J'avoue que je crois ce résultat exact, parce que je pense que l'action de la croisade a lieu au point où les deux fils se séparent, et qu'elle est insignifiante dans les autres parties. Cependant il est juste de faire remarquer que, sur six séries d'épreuves, trois, les nos 2, 3 et 4, donnent l'avantage aux quarante tours de croisade, et deux seulement, les nos 1 et 6, à la croisade de dix tours ; un résultat est balancé ; enfin, que la soie la plus élastique de toutes celles que j'ai examinées a reçu quarante tours de croisade simple. Il ne faudrait donc pas se hâter de condamner l'un ou l'autre procédé ; mais il est évident qu'avec dix tours seulement de croisade on obtient d'excellents résultats.

Quant à la ténacité, elle paraît réellement un peu augmentée par la multiplication des tours de croisade.

§ X. *Torsion.*

J'ai démontré plus haut que la croisade simple ou double ne *tordait* pas la soie, et que les brins dont elle est composée étaient réunis par juxtaposition longitudinale. De plus, j'avais souvent entendu parler de la nécessité de faire de la soie *ronde*, et de la difficulté de trouver en France certaines qualités de soie indispensables pour la chaîne de quelques étoffes.

Je me suis alors demandé si une *véritable torsion* appliquée à la réunion des brins qui composent une grège ne donnerait pas cette double qualité de rondeur et de résistance qui ne se trouvait que dans certaines soies.

Il s'agissait donc d'agir sur les brins sortant de la bassine, et s'engageant dans la filière, de la même manière que le rouet agit sur le lin et le chanvre. Mais il se présentait des difficultés d'exécution considérables. En effet, dans le rouet, par exemple, la broche de fer percée qui donne la torsion marche avec rapidité; la bobine, au contraire, marche moins vite, et de plus, comme son diamètre est extrêmement petit, elle enroule peu de fil à la fois : celui-ci a donc le temps de recevoir le tors avant d'être entraîné. Mais les conditions de la filature de la soie étaient tout autres.

L'asple ne peut avoir moins de deux mètres de circonférence ; il absorbera donc toujours une grande longueur de fil, quelque lente que soit sa rotation : il devient donc indispensable de donner au système de torsion une vitesse prodigieuse, si on veut qu'il ait une action sensible sur le fil. Or, pour peu qu'on ait de connaissances en mécanique, on sait qu'il n'est pas facile d'établir des mécanismes durables animés d'une très-grande vitesse: tantôt ils s'usent rapidement, d'autres fois ils s'échauffent au point de détremper les pièces en acier; enfin, le plus souvent, la vitesse augmente tellement les frottements, que les machines présentent une énorme résistance. Il fallait vaincre toutes ces difficultés. Un travail opiniâtre et de nombreuses tentatives nous ont conduit à un résultat des plus satisfaisants.

Premièrement, nous avons tout d'abord réduit de moitié la vitesse du guindre en établissant une filature à quatre bouts. (Voir les figures de la planche V.)

Ensuite nous avons établi notre système de torsion d'une manière fort simple : il consiste en quatre petites roulettes E E E E, fig. 1, qui sont mises en mouvement par une courroie A B D, sur laquelle elles s'appuient de leur propre poids. La courroie est mise en mouvement par le grand tambour A, et soutenue par les trois autres petits tambours B, C et D. On conçoit que la courroie marchant fait tourner les petites roulettes par le frottement qu'elle exerce sur elles. Les petites roulettes ou poulies E E E E, fig. 1, sont percées d'un trou fin dans leur centre. Une de ces poulies est vue de côté dans la fig. 2. Le trou central est de C à D. B B sont les deux parties de la roulette, qui peut être en bois ou en ivoire. Le centre C D est en acier, et porte une gorge G. En E on voit le petit barbin dans lequel passe le fil, et qui, par son excentricité, détermine la torsion. F est la filière qui se présente en face du trou D de la poulie. A est la courroie sur laquelle pose la roulette.

La figure 3 représente une petite fourchette dont la partie K s'engage dans la rainure G de la poulie. La fourchette a une coulisse I, avec une vis H, de manière qu'on peut l'abaisser ou la relever à volonté. Il résulte de cette disposition que les roulettes sont prises entre la courroie, qui touche leur partie inférieure, et la fourchette, qui s'engage par-dessus dans la gorge G. Or il n'y a là aucun des frottements capables de produire les inconvénients que j'ai signalés plus haut; la vitesse peut être prodigieuse sans user ni échauffer le mécanisme; elle dépend évidemment du rapport qui existe entre le diamètre du tambour A et celui des petites roulettes. Plus le tambour sera grand et les roulettes petites, et plus la vitesse sera grande pour un même nombre de tours de manivelle.

Quant à la courroie, nulle difficulté : avec les deux vis FF on la tend à volonté, en éloignant les deux tambours BD, et sa vitesse peut augmenter sans inconvénient. Nous avons employé une lanière de toile cirée de bonne qualité ; cette matière n'éprouve aucun changement par la présence de l'eau ou de la vapeur, et c'était un point important.

Restait à se rendre compte des effets de ce mécanisme. Pour cela, nous l'avons étudié en lui-même et comparé avec les autres appareils de torsion. Nous avons reconnu bientôt qu'il ne pouvait donner à la soie une torsion absolument pareille à celle que reçoit un fil de coton, par exemple.

En effet, dans ce dernier cas, ainsi que dans le rouet, l'extrémité du fil tourne elle-même comme le font deux fils qu'on roule entre les doigts par leurs extrémités, et cet effet est obtenu par la disposition de la bobine, la manière dont elle se présente pour recevoir le fil, et enfin le mouvement de rotation qu'elle reçoit en même temps et dans le même sens que le fil ; on voit cet effet dans la croisade simple, fig. 1, pl. VI. Dans notre système, il en est autrement : la bobine, ou plutôt le guindre, ne tourne pas dans le sens du fil ; celui-ci y est, au contraire, fixé, et la torsion qui s'opère n'est pas *continue;* elle est interrompue de distance en distance, comme on peut le voir en C dans la fig. 4, pl. VI. En un mot, notre torsion est toute pareille à celle de la corde qui tend une scie.

Or chacun sait qu'au moment où l'on enlève le bâton qui maintient cette torsion elle se défait d'elle-même.

Ne devait-il pas en être ainsi dans notre opération où rien ne remplaçait le bâton, et n'était-il pas à craindre que la soie arrivât sur l'asple sans conserver trace de la torsion qu'elle avait subie dans les roulettes?

Pour nous en convaincre, nous avons commencé par faire marcher notre torsion avec deux fils de soie, l'un rouge, l'autre blanc, et nous avons remarqué aussitôt que, malgré le peu d'adhérence de ces deux fils, ils arrivaient cependant encore sur l'asple avec une certaine torsion. Nous en avons conclu qu'elle devait subsister bien davantage sur la soie : en effet, dans celle-ci, la réunion, l'agglutination des brins a lieu déjà dans la filière; or, comme notre torsion venait la saisir là, il était probable que la soie devait la conserver. Nous en avons eu la preuve de plusieurs manières.

D'abord, si l'on fait marcher lentement un fil de soie tordu sous une forte loupe, on voit distinctement le jeu de lumière qui résulte des impressions de la torsion. Ensuite, cette soie présente un aspect général et des propriétés qui la font distinguer et ne permettent pas de croire que la torsion ait été sans effet; par exemple, elle est plus grosse que la même soie obtenue par les autres procédés, avec le même nombre de cocons.

Une fois notre appareil construit, et ses effets constatés, quant à la torsion, nous avons étudié ses autres propriétés. L'une d'elles nous a frappé; c'est la dessiccation considérable qu'éprouve la soie par le mouvement de rotation qu'elle reçoit. La croisade serait donc inutile sous ce rapport, si la torsion était adoptée.

On comprend aisément que les mariages disparaîtraient complétement aussi, puisque jamais les fils ne seraient en contact. Nous avions craint que la rapidité de la rotation des roulettes ne fît rompre la soie, il n'en a rien été; elle casse très-peu dans ce système.

Restait à soumettre la soie à des essais comparatifs, pour apprécier la valeur du procédé. Voici ceux qui ont été faits :

SOIES TORDUES.

	DUCTILITÉ.	TÉNACITÉ.
Grosse race jaune du Languedoc. . . .	146	47
Petite race jaune.	150	44
Race à trois mues.	147	33
La même.	162	37
Sina, loin de l'eau.	92	56
— près de l'eau.	108	39
Sina	119	41
Race blanche de Tours, près de l'eau. .	115	52
— — loin de l'eau. .	132	42
— — autre. . . .	147	51
— — — près de l'eau	148	66
Moyennes. . . .	133	46

La moyenne de 160 épreuves faites sur des échantillons filés à la double croisade est de 147 pour la ductilité et de 47 pour la ténacité.

La moyenne de 60 épreuves faites sur des soies filées

à la croisade simple est de 177 pour la ductilité et de 56 pour la ténacité.

En considérant donc les soies sous ce rapport seulement, nous voyons aussitôt que la torsion n'a pu leur donner une qualité égale : l'élasticité des soies tordues n'est que de 13 pour cent, celle des soies à double croisade est de 14, et enfin celle des soies à croisade simple est de 17.

Pour la ténacité, la comparaison n'est pas aussi défavorable; cependant elle prouve aussi l'infériorité des soies tordues.

J'ai cherché à me rendre compte de cette différence, et j'y suis parvenu en examinant avec soin la soie qui avait subi l'action du sérimètre. J'ai remarqué que de distance en distance les brins se trouvaient désunis, décollés, et j'ai compris sur-le-champ que c'était dans les points où la torsion change de côté et passe de gauche à droite. On voit distinctement ce passage en C dans la figure 4, planche VI. On conçoit, en effet, qu'au moment où les fils sont distendus et allongés avec force, ils ont dans ce point plus de tendance à reprendre la direction longitudinale que dans tout autre, et cela a lieu ainsi. Pour qu'il en fût autrement, il faudrait que les brins fussent complétement agglutinés entre eux, de manière enfin à ne former, pour ainsi dire, qu'un seul et même fil.

Malheureusement la compression que reçoit le fil dans notre système de torsion n'est pas suffisante pour opérer cette agglutination complète des fils; il était naturel de faire quelques tentatives pour l'obtenir; et, en effet, j'ai fait plusieurs échantillons dans lesquels j'ai réuni la torsion et la croisade double.

Ces échantillons m'ont présenté une ductilité de 178, ou 17 pour cent pour le sina, et de 155 ou 15 pour cent pour la race de Tours; la ténacité a été de 57 et de 48.

Il résulte de ces essais que la réunion des deux procédés a donné à la soie une qualité supérieure.

Restait à s'assurer ce que deviendrait une soie tordue dans les opérations industrielles auxquelles on soumet les grèges. Pour acquérir à cet égard quelques données, j'ai envoyé à Lyon, à un essayeur public, des échantillons de grège tordue et de grège croisadée; j'avais recommandé qu'on éprouvât ces soies avec le plus grand soin, et qu'on notât exactement les qualités et les défauts qu'on leur trouverait. Or je n'ai pas été médiocrement surpris en voyant, par la réponse que j'ai reçue, qu'on n'avait pas même distingué les deux soies, si ce n'est sous le rapport *du blanc,* auquel je n'attachais aucune importance.

Il en résultait pour moi la preuve que les moyens d'appréciation qui existent à Lyon n'avaient guère de valeur, et que l'emploi du sérimètre était bien préférable, puisque, avec lui, je trouvais une différence notable entre les échantillons. Non-seulement cette différence existait pour la ténacité et la ductilité, mais encore dans la manière toute particulière dont les brins de la grège se désunissaient. J'appelle donc avec instance, sur l'emploi du sérimètre, l'attention des industriels, jaloux d'agir en connaissance de cause et de faire faire des progrès à l'art.

Pour terminer ce que j'avais à dire sur la torsion, je dois faire remarquer qu'à la cuisson la soie tordue se comporterait certainement d'une autre manière que la soie croisadée. Les points que j'ai signalés produiraient probablement un état cotonneux qui nuirait au dévidage et à la propreté de la soie.

Du reste, je dois dire qu'une personne, qui a bien voulu examiner avec soin le mécanisme de la torsion et son produit, m'a assuré que des tentatives de ce genre avaient déja été faites, et que l'on avait reconnu les inconvénients que je viens de signaler. Je l'ignorais complétement : voilà un des inconvénients qui résultent de la non-publicité des expériences et des tentatives faites en matière d'industrie. J'ai employé un temps considérable et dépensé beaucoup d'argent pour éprouver ce système que l'expérience d'un autre avait déjà condamné. Aussi j'espère qu'on me saura quelque gré de l'empressement que je mets *à publier tout ce que je fais*, j'éviterai probablement à d'autres des peines inutiles.

Du reste, on concevra que je n'ai pas abandonné sans regrets et légèrement une idée qui m'avait séduit; aussi ai-je fait tout mon possible pour la retourner dans tous les sens.

J'ai démontré plus haut que le système de torsion que j'avais adopté ne produisait pas un effet entièrement pareil à celui qu'on obtient avec le rouet et les autres systèmes de torsion qui rentrent dans celui-là. J'ai dû l'essayer; en conséquence, j'ai disposé un rouet de manière à pouvoir dévider des cocons. La soie, tordue absolument comme le fil de lin, a été reçue sur la bobine : elle n'était pas sèche; on le comprend. Aussitôt que j'en ai eu une certaine quantité, je l'ai reportée sur l'asple du tour, afin qu'elle pût sécher à la faveur de la croisure donnée par le va-et-vient. Enfin cette soie a été essayée par le sérimètre.

Elle a donné un degré de ductilité de 87 et une ténacité de 51. On voit par là que la force de résistance de la soie n'a pas été diminuée, mais que son élasticité est restée très-médiocre.

Du reste, cette épreuve était plutôt une affaire de curiosité qu'une tentative sérieuse; voici pourquoi: si l'on voulait donner à la soie un tors comparable à celui du fil végétal, il faudrait faire tourner la torsion avec une vitesse prodigieuse, eu égard à la grandeur nécessaire de la bobine, remplacée par un asple. L'asple, fût-il même réduit de moitié, devrait marcher avec une excessive lenteur; alors la filature serait-elle possible? la fileuse, par exemple, pourrait-elle jeter et faire adhérer les brins sur un faisceau de soie, marchant avec une telle lenteur? et puis s'apercevrait-elle que les cocons rompus cessent de tourner, lorsque leur mouvement serait déjà si peu considérable, même quand ils tiendraient encore? Je pense qu'il y a là des obstacles d'une extrême gravité, et, puisque je n'ai rien trouvé de remarquable aux échantillons tordus que j'ai pu essayer, il ne faut peut-être pas persévérer dans cette voie.

Au surplus, je livre tout ceci aux méditations des hommes de l'art.

§ XI. *De l'emploi du fourneau.*

On trouve les passages suivants dans la précieuse traduction que nous a donnée M. Stanislas Julien, des traités chinois.

Moyen de donner de la force à la soie.

« Toutes les fois qu'on veut broder des fleurs ou des « ornements dans le tissu, il est absolument nécessaire « de faire la chaîne avec de la soie des arrondissements « de Kia ou de Hou. Cette soie a été séchée deux fois, « c'est-à-dire au sortir de la filière de l'insecte et au « sortir de la bassine. Il n'est pas à craindre que les fils « de cette chaîne se brisent pendant le travail et le tis- « sage. »

Autre passage.

« Voici le moyen d'obtenir d'excellente soie, il est « renfermé dans six mots :

« 1° *Tchhou-Kheou-kan*, c'est-à-dire il faut sécher la « soie à mesure qu'elle sort de la bouche de l'insecte ; « pour cela, on place des réchauds de braise au bas de la « coconière.

« 2° *Tchhou-chouï-kan*, c'est-à-dire il faut sécher la « soie à mesure qu'elle sort de l'eau ; lorsqu'on dévide la « soie, on place, à cinq ou six pouces du dévidoir, deux « petits réchauds contenant chacun quatre ou cinq onces « de braise allumée. Le mouvement rapide du tour pro- « duit l'effet du vent ; il donne de l'activité au feu, et

« fait sécher rapidement les fils qu'on dévide. Si le temps « est pur et brillant, et qu'un grand air circule dans l'a-« telier, il n'est pas nécessaire de faire usage du feu. »

Ce n'est pas le moment de faire ressortir tout ce qu'il y a de choses et d'excellentes choses dans ces courts passages. Je veux seulement faire remarquer que celui qui saura trouver dans les auteurs chinois tout ce qu'ils contiennent sera convaincu qu'il nous reste peu à faire, parce que les Chinois ont à peu près tout fait.

Pour moi, qui m'occupais de recherches sur la filature, ces passages devaient me frapper, et j'en ai tiré, dans mon cours, un grand parti ; mais il me restait à essayer une des pratiques qui y sont conseillées, celle qui consiste à sécher la soie par une chaleur artificielle au moment même de la filature. J'ai exécuté le procédé chinois dans toute sa simplicité ; j'ai placé un réchaud avec du feu, tantôt sous la première, tantôt sous la seconde croisade ; car j'ai fait l'essai sur la filature ordinaire.

La soie obtenue m'a présenté une ductilité moyenne de 165 et une ténacité de 46. Or les mêmes cocons ont donné à la croisade double 147 seulement pour la ductilité et 47 pour la ténacité.

Il paraîtrait donc résulter de cette comparaison que la dessiccation immédiate de la soie a eu une influence marquée sur sa ductilité.

Le raisonnement vient à l'appui de ce résultat.

J'ai prouvé que la croisade double affaiblissait la soie en la distendant outre mesure.

Il résulte aussi, des essais consignés plus haut, que la

soie *humide* s'allonge davantage et sous l'influence d'un moindre poids que la soie *sèche*.

Alors il est facile de comprendre que la double croisade a eu moins d'action sur la soie séchée immédiatement que sur celle qui ne l'avait pas été, et a moins affaibli son élasticité.

Quant à la mise en pratique en grand de ce système de dessiccation, je n'ai pas eu le temps de m'en occuper ; je me contente d'indiquer les avantages qu'il peut avoir et qu'il promet.

CHAPITRE II.

PROPRIÉTÉS INDUSTRIELLES.

Après toutes les considérations qui précèdent, il restait, pour remplir le cadre que je m'étais tracé, à déterminer les *propriétés* ou *qualités industrielles* de la soie, et à indiquer les procédés qui devaient les faire obtenir.

Ces qualités sont :

1° L'égalité ou l'homogénéité du fil dans toutes ses parties ;

2° L'absence des mariages ;

3° L'absence des bouchons ;

4° L'absence des morvolants ;

5° Le bon arrangement du fil en écheveaux homogènes ;

6° Une bonne croisure des fils, afin de rendre le dévidage facile;

7° L'égalité des écheveaux sous le rapport du nombre de mètres de soie dont ils sont composés;

8° De bonnes collures en nombre suffisant;

9° L'absence de bouts rompus;

10° Un bon ployage.

§ I. *Égalité du fil de soie grège.*

Consultez les fabricants éclairés qui emploient de grandes quantités de soie, prenez l'avis des meilleurs marchands de cette précieuse matière, tous vous diront que l'*égalité* et la *propreté* de la soie sont les qualités les plus importantes qu'il faut lui donner, parce que ses usages sont si variés, qu'il sera toujours facile de trouver l'emploi d'une soie qui les possédera. Une soie inégale, au contraire, quelles que soient d'ailleurs ses autres qualités, exposera toujours le fabricant à des pertes ou déchets considérables.

Pour obtenir cette égalité si désirable, il faudra, avant tout, faire un triage soigné des cocons. Nous savons maintenant que les gros ont un brin plus fort que les petits : il est dès lors évident que, sans ce triage, souvent un brin se trouvera entretenu par de gros cocons à grosse soie; d'autres fois, ce sera le contraire. Dans le premier cas, la grège sera trop forte; dans le second, trop faible.

Si l'on a fait le triage que je recommande, il sera facile, après avoir filé les gros cocons à 6, de filer les petits à 7; par ce moyen, les deux parties de soie seront homogènes. Je pense que, si l'on avait une quantité suffisante de cocons, on pourrait les diviser en gros, moyens et petits.

Je ne parle point ici des autres choix qu'il convient de faire, parce que je n'écris point un traité sur la filature; je n'ai à parler que des conséquences pratiques qui résultent de mes recherches.

Un autre moyen d'obtenir l'égalité du brin consiste dans l'emploi du croiseur de Vaucanson. On sait, en effet, qu'un fil trop faible est bien vite entraîné par le plus fort, et, si on a un bon brise-mariage, la fileuse est avertie par la rupture de ses fils. Le temps m'a manqué pour expérimenter un autre moyen d'avertissement dont j'espère un résultat favorable; je le ferai connaître plus tard.

Enfin il reste un troisième moyen d'influer puissamment sur l'égalité du brin de soie; c'est l'entretien soigneux du nombre de cocons prescrit. Jusqu'ici de la fileuse seule dépend la bonne exécution de ce moyen, et il faut convenir que souvent elle ne peut pas remédier à tous les inconvénients: par exemple, quand elle file à 8, 10, 12 cocons. J'ai aussi l'espoir d'améliorer beaucoup ce détail de l'opération; j'en parlerai ailleurs.

Quant à la propreté de la soie, elle résulte de l'ensemble d'un bon système de filature, et en partie de l'emploi de filières très-fines et bien disposées.

§ II. *Mariages.*

La présence des mariages dans une grège est un défaut capital; il faut les éviter à tout prix.

Le procédé de la tavelle, dans lequel les deux fils marchent séparément, y remédie complétement; mais aussi ce procédé laisse tant à désirer sous d'autres rapports, qu'il a paru nécessaire de trouver un remède aux mariages qui résultent de la croisade simple ou double.

Je n'ai point à parler des procédés de MM. Gensoul, Chambon et autres; ils sont connus. Nous nous proposions un autre but, celui de trouver un mécanisme au moyen duquel la rupture d'un des fils croisadés déterminât l'arrêt instantané du tour. Voici celui que nous avons imaginé.

Planche III, fig. 2. La tige de fer A porte en B un petit talon de 3 millimètres de saillie.

Cette tige peut glisser librement dans les coulisses C D.

En E est une troisième coulisse qui porte un talon F relevé à angle droit.

Elle est percée d'un trou oblong dans lequel peuvent passer la tige de fer et son talon B.

Cette coulisse, posée à plat sur une petite bande de fer, peut glisser de Q en E, et *vice versâ*, bien que maintenue par les deux vis *o o* implantées dans la petite traverse en bois P, de manière que le talon B de la tige de fer pose sur la coulisse ou passe à côté, suivant qu'elle est poussée dans un sens ou dans un autre.

Or, au moyen du petit ressort I, la coulisse E est poussée vers Q, de manière que, le talon posant sur elle, la tige de fer est maintenue dans la position qu'on lui voit dans la figure.

Mais si, par un effort très-léger, la coulisse E est repoussée, le talon n'ayant plus d'appui, la tige de fer tombe verticalement.

Au-dessus du talon F de la coulisse s'élève un barbin M,

qui a aussi un talon N; ce barbin est mobile, ainsi qu'il est aisé de le voir dans la figure. Quand il est maintenu verticalement, il n'a aucune action sur la coulisse E, et la tige de fer A reste en place; mais, si le barbin s'abaisse tout à coup, son talon N repousse la coulisse E, et la tige de fer tombe.

Or, si le barbin est maintenu dans cette position verticale par un fil de soie que tend l'action du guindre, on conçoit aussi qu'au moment où le fil se rompt le barbin tombe et fait échapper la tige de fer : voilà donc une action, une force assez puissante déterminée par la rupture d'un seul fil.

Attachons une ficelle en R à la tige de fer, et par un système très-simple de leviers nous obtiendrons l'arrêt du tour au moment où, un fil cassant, la tige de fer tombera et entraînera dans sa chute la ficelle R S. On voit que nous avons ménagé une certaine course à la tige de fer, assez lourde d'ailleurs par elle-même, pour augmenter beaucoup son action par la vitesse qu'elle acquiert en tombant.

Cette démonstration me paraît suffisante pour faire comprendre ce petit mécanisme. On remarquera qu'à côté du barbin à charnière M il y en a un autre *fixe* destiné à maintenir la soie et à conserver l'équilibre du barbin mobile. Si l'on met le barbin mobile entre deux barbins fixes, disposés à 3 centimètres de distance, par exemple, on peut donner au barbin mobile un poids considérable, eu égard à l'effet qu'il faut produire; le ressort I peut devenir plus fort, la tige de fer très-lourde, et alors sa chute détermine un effet considérable. Ce brise-mariage, disposé sur notre tour, a fonctionné parfaitement, bien qu'il eût à enrayer une force très-puissante.

Du reste, il ne sera pas toujours nécessaire, pour éviter les mariages avec le mécanisme que je viens de décrire, de l'employer à l'arrêt instantané du tour. On pourra très-bien, par exemple, disposer sous la tige de fer une sonnette dont le son avertira sur-le-champ qu'il y a un fil rompu ; rien de plus facile encore que d'établir un levier très-léger, qui jetterait le brin *marié* sur un corps rugueux (comme un chardon à foulon), de manière à le briser, ce qui empêcherait qu'il en arrive la moindre parcelle sur le tour. Peut-être aura-t-on encore d'autres idées ; peut-être tirera-t-on de ce mécanisme un meilleur parti que moi. Je le livre à l'intelligence des filateurs zélés ; le principe étant trouvé, son application pourra être variée de mille manières.

§ III. *Bouchons.*

Je n'ai rien de particulier à dire pour le moment sur la manière d'éviter le bouchon ; cela rentre dans les recommandations ordinaires qu'on fait aux fileuses ou aux constructeurs de tours.

§ IV. *Morvolants.*

J'ai déjà dit que j'avais l'espoir de trouver un moyen d'avertir la fileuse lorsque ses brins seraient inégaux. Par là on éviterait l'espèce de morvolants provenant de la trop grande finesse du brin de soie. Quant aux morvolants qui résultent du défaut d'agglutination des fils entre eux, comme ils sont dus surtout aux ruptures fréquentes des fils et à l'enroulement d'une certaine quantité de soie qui n'a pas été croisadée, on ne l'évitera que par l'emploi d'instruments assez parfaits et d'ouvriers assez adroits pour éviter les ruptures fréquentes qui ont lieu dans l'état actuel des choses. Je dirai quelles sont les pratiques qui rendent plus rares les ruptures de fils.

§ V. *Répartition ou arrangement des fils sur l'asple. Tambours.*

Trois buts sont à atteindre dans l'arrangement des fils sur l'asple.

1° Il faut que les fils soient étalés sur l'asple dans une largeur déterminée.

2° Il faut que la soie revienne sur elle-même le plus rarement possible ; en d'autres termes, il faut qu'elle occupe successivement tous les points de l'asple avant de revenir à son point de départ.

3° Il faut qu'elle soit croisée de manière à bien sécher et à rendre le dévidage facile ; ces conditions sont remplies par le va-et-vient et les tambours.

Pour que la soie revienne le plus rarement possible sur elle-même, il faut qu'elle occupe successivement tous les points de l'asple : or plus ces points seront rapprochés, plus leur nombre sera grand, et plus rarement la soie reviendra se poser sur le même.

Soit donc un asple à 6 lames, fig. 1, pl. IV, et un va-et-vient qui promène la soie de manière qu'à chaque révolution du guindre, la soie se trouve portée de son point de départ A au point opposé C de la même lame (1).

A la seconde révolution, la soie reviendra à son point de départ A ; à la troisième, au point C; et ainsi de suite : de manière qu'elle formera une seule ligne sur le guindre.

Mais, si les mouvements du va-et-vient et celui du guindre cessent d'être dans un rapport aussi exact, cette fâcheuse régularité va disparaître.

Supposons, en effet, qu'au moment où la soie revient en A après s'être posée en C, le mouvement de rotation du guindre éprouve une très-légère accélération. La lame A C se présentera pour saisir la soie, avant que le va-et-vient l'ait amenée précisément devant le point A, et elle posera au point B ; il en sera de même au moment où le fil devrait atteindre le point C ; il arrivera un peu à côté, parce que la lame A C se sera présentée pour saisir le fil avant que le va-et-vient l'ait amené en face du point C ; et ainsi de suite.

Or cet effet s'obtiendra aisément si les rouages qui communiquent le mouvement au va-et-vient et à l'asple diffèrent entre eux ; mais il est évident que le nombre de points sur lesquels se posera la soie, avant de revenir à celui de son départ, sera proportionnel à cette différence des deux mouvements.

Supposons donc que l'écheveau ait un décimètre de largeur, et que l'on veuille poser la soie de millimètre en millimètre ; il faudra que les deux mouvements diffèrent d'un centième seulement entre eux. Pour cela, on

(1) Dans la figure, le guindre est placé de manière qu'on ne voit que trois de ses lames.

établira deux tambours AB, planche VII, roulant l'un sur l'autre, ou liés entre eux par une courroie; l'un des deux conduira le va-et-vient, l'autre l'asple. Le plus grand aura 1 mètre de circonférence ou 100 centimètres; le plus petit aura 99 centimètres seulement.

Si l'on veut obtenir un effet plus grand ou moindre, il faudra varier ces différences en les portant à 1/150, 1/200, ou en les réduisant à 1/80, 1/50.

Dans le tour que nous avons exécuté, la différence entre les deux tambours est de 1/180; c'est donc après 180 révolutions de l'asple que la soie revient à son point de départ. Mais la circonférence de ces tambours étant de 1800 millimètres environ, si on eût cherché à les faire identiquement semblables, on n'eût pu, sans doute, éviter entre eux une différence, et il faudrait admettre un travail bien parfait pour que les deux développements ne présentassent pas une différence de longueur de 2 millimètres; il eût résulté de là qu'au bout de 900 tours l'asple et le va-et-vient se seraient retrouvés dans la même position relative qu'au moment du départ, ou bien encore que 900 brins de soie se seraient successivement juxtaposés sur chacun des barreaux de l'asple pour remplir la largeur de l'écheveau. Nous n'avons pas cru devoir tendre à ce résultat dans un tour définitif, parce qu'il exigeait l'emploi de tambours d'un trop grand diamètre; mais on peut en induire que les effets promis par les tours du Piémont ne sont rien moins qu'assurés. Pour que le retour au point de départ ne se fît qu'après 2000 tours d'asple, il faudrait que les deux roues d'engrenage qui établissent la relation entre l'asple et le va-et-vient, comportassent une différence de 1/2000 c'est-à-dire que l'une eût 2000 dents et l'autre 2001. Or cela exigerait des diamètres de 2 mètres et plus en ne donnant aux dents que 2 millimètres d'épaisseur.

Pour éviter l'emploi des grands tambours avec courroies ou des engrenages qui ne remplissent le même but qu'autant qu'on étend outre mesure leurs dimensions, je me propose de faire rouler l'un sur l'autre deux tambours de 25 centimètres de diamètre environ ; leur développement sera de 75 centimètres. En prescrivant au tourneur de les faire identiques, il est à croire que les développements varieront au moins de 2 à 3 millimètres, auquel cas, l'un des deux ayant 750 millimètres et l'autre 753, il faudra 250 tours de l'asple pour que la soie vienne se superposer sur celle enroulée précédemment.

Nous conclurons de ces données, 1° que les tours que nous connaissons sont loin de remplir le but qu'on se propose : car, dans ceux qui ont des tambours, on a mis une différence telle entre eux, que la soie doit revenir sur elle-même au bout d'un très-petit nombre de révolutions de l'asple ;

2° Que les tours sans tambours ne doivent qu'au hasard l'effet plus ou moins bon qu'ils produisent ;

3° Que des engrenages remplaceraient difficilement des tambours en raison de la grande dimension qu'il faudrait leur donner ;

4° Que, si l'on veut éviter de faire de grands tambours, il faut alors les faire aussi pareils qu'on pourra ; il y aura toujours entre eux assez de différence pour produire l'effet recherché.

§ VI. *Croisure de la soie sur l'asple. Va-et-vient.*

La croisure de la soie est le résultat de l'action du va-et-vient qui porte alternativement le fil sur les deux côtés de l'écheveau. Voyons d'abord quelle largeur il convient de donner à l'écheveau. Après avoir examiné des échantillons de soie de première filature et avoir essayé moi-même diverses largeurs, je me suis arrêté à celle d'un décimètre. C'est donc dans cette largeur que devra se trouver circonscrite la marche du va-et-vient.

Mais dans quel rapport avec la marche de l'asple doivent se trouver les oscillations du va-et-vient, ou, en d'autres termes, combien de fois la soie sera-t-elle croisée en allant d'un côté de l'écheveau à l'autre ? J'ai fait beaucoup de recherches pour apprendre ce que l'expérience avait prescrit dans l'industrie ; je n'ai rien trouvé de bien arrêté, de bien positif. J'ai pris le parti de faire moi-même des essais ; en conséquence, désirant profiter d'abord des données du calcul, j'ai fait un grand nombre de dessins représentant l'effet de diverses combinaisons de mouvement ; mais ces dessins représentaient toujours l'action du va-et-vient sur *un cylindre* et non sur les quatre ou six lames de l'asple ; il fallait expérimenter.

Pour procéder avec ordre, nous avons commencé par construire plusieurs asples tout à fait cylindriques ; puis nous avons posé sur eux des fils, en variant la vitesse du va-et-vient.

Nous nous sommes bientôt aperçu que, quand le mouvement du va-et-vient est trop lent, les fils se touchent en un grand nombre de points au moment où ils se croisent ; de là des collures et un obstacle à la dessiccation.

Quand, au contraire, le mouvement du va-et-vient est trop rapide, les croisements sont trop nombreux, à angles trop larges. Le va-et-vient, après avoir posé le fil, a trop d'action sur lui en se retirant, et le rapproche de ceux qui ont été posés à côté.

Pour bien nous rendre compte de cet effet et arriver à une application pratique, prenons tout de suite l'asple à six lames et déployons-le en entier. Nous étudierons sur lui l'arrangement des fils. (Voyez la fig. 2, pl. IV.)

Dans ce premier cas, le va-et-vient fait deux mouvements pendant que l'asple fait un tour entier, en sorte que le fil parti du point A va se poser en B sur la quatrième lame et revient en A', son point de départ ; ainsi de suite. La figure représente le dessin que donne cette combinaison des deux mouvements. Or il en résulte 1° que le va-et-vient, après avoir posé le fil en B, a trop d'action sur lui pendant son retour et tend à le rapprocher du centre de l'écheveau ou plutôt de la ligne AA'. L'expérience, répétée avec soin, ne laisse aucun doute à cet égard ; il se fait un bourrelet en B.

2° Aux points CC, où les fils se croisent, l'écheveau est sensiblement plus étroit qu'ailleurs, et, comme il y existe le même nombre de fils, ils s'entassent ; de plus, en enlevant cet écheveau du guindre, il s'allonge, les fils se dérangent, et ce n'est pas sans danger qu'on le ploierait un peu serré.

Du reste, il est bien entendu que, grâce aux tambours dont il a été question dans le chapitre précédent, les croisures ne se trouvent pas accumulées sur le même point comme elles le sont dans la figure ; mais l'effet, cependant, est analogue.

Voilà un des extrêmes de la question. Voyons l'autre.

J'avais à ma disposition un tour, bon du reste, mais dont le va-et-vient allait beaucoup trop lentement ; il ne faisait qu'un mouvement de va et de vient pendant que l'asple faisait trois évolutions complètes. Or l'expérience m'a démontré ce que le raisonnement aurait certainement indiqué. Sur ce tour, la soie sèche mal et le dévidage des écheveaux est fort difficile.

Après divers essais qu'il serait trop long de décrire ici, je me suis arrêté à la combinaison suivante. Le va-et-vient fait un mouvement de va ou de vient, pendant que l'asple fait un tour. Il en résulte l'effet représenté dans la figure 3, planche IV.

On y voit qu'à chaque évolution de l'asple la soie ne se croise qu'une fois, et, comme le point de contact se trouve successivement porté sur toutes les parties de l'asple, l'effet est excellent ; il n'y a point de parties de l'écheveau plus étroites les unes que les autres ; la soie n'est pas entraînée, et reste sur le point qui l'a reçue ; l'écheveau ne s'allonge pas quand on le détache ; la soie sèche parfaitement ; enfin les losanges ou croisures produites par cette combinaison ne permettent point aux fils de se mêler, et l'on retrouve le bout avec la plus grande facilité. S'il en fallait une preuve, je dirais que les écheveaux que j'ai faits, cet *hiver*, ont séché parfaitement, malgré la saison défavorable, et ne contiennent presque aucune collure. Je dirai que ma fileuse, qui n'avait jamais dévidé ni vu dévider un écheveau de soie, a parfaitement dévidé les 50 échantillons que j'avais préparés;

et cependant il est fort difficile de dévider des écheveaux aussi petits.

Après avoir déterminé le rapport des mouvements du guindre et du va-et-vient, il fallait s'occuper de celui-ci. Dès 1837, j'avais été frappé, comme tous les filateurs, des inconvénients que présente l'excentrique simple. Tout le monde sait qu'il forme des bourrelets sur le bord des écheveaux, et, par suite, des collures qui occasionnent de grands déchets.

J'avais donc immédiatement cherché un moyen de remédier à cet inconvénient et je l'avais trouvé dans l'emploi d'un va-et-vient elliptique, qui a été décrit dans mon mémoire de 1837 et dans le rapport de M. Loiseleur-Deslongchamps, sur les éducations des vers à soie de cette année (Société royale d'agriculture, séance du 22 avril 1838).

Voici en peu de mots l'état de la question : la figure 4, planche IV, représente un excentrique ordinaire. Supposons que la bielle ou l'épée du va-et-vient est menée tout autour de cet excentrique ; le but qu'on se propose est d'obtenir un mouvement dans le sens de la ligne A B et ayant toute sa longueur ; mais la bielle, partant du point A, passe successivement par les points A C D E B H I.

Traçons dans l'excentrique un carré I C E H. — Il est clair que, pendant la marche de la bielle suivant la courbe C D E, elle avancera ou reculera d'une quantité égale à C E ; mais, pendant qu'elle suivra la courbe E B H toute pareille, elle ne marchera dans le sens de la ligne A B que d'une quantité égale à F B : or chacun peut voir dans la figure la différence qu'il y a entre les lignes C E et F B.

Il en résulte que, pendant la marche de C en E, le va-et-vient ira vite et distribuera la soie sur une large surface.

Pendant la marche de E en H, il ira très-doucement, et la soie se trouvera répartie sur une bien plus petite surface : de là les bourrelets; car il ne faut pas perdre de vue que l'asple va toujours avec une égale vitesse, quel que soit l'accélération ou le ralentissement éprouvé par le va-et-vient.

Pendant que je m'occupais à résoudre cette difficulté, M. Geffray, habile mécanicien de Mongeron, faisait aussi des efforts; lui aussi, il avait l'idée de l'ellipse; mais plus heureux, ou plutôt plus ingénieux que nous, il apportait dans l'exécution de son mécanisme un degré de perfection qui ne me paraît rien laisser à désirer.

Les figures 5 de la planche IV représentent le va-et-vient elliptique de M. Geffray; on voit en G la bielle qui est engagée par une goupille F dans l'intervalle O O O O, que laissent entre eux deux ellipses d'inégale grandeur II et BC. Ces ellipses sont en cuivre : dans leur centre A est un arbre qui reçoit le mouvement du tour; il porte une fourchette AH à coulisse, qui entraîne la goupille de la bielle.

Il est aisé de comprendre que, quand l'arbre tourne, la bielle suit la ligne courbe de l'ellipse, maintenue qu'elle est par sa goupille, les contours de l'ellipse et la fourchette. On comprend aussi que la bielle, arrivée aux points B et C, qui correspondent aux courbes EBH et IAC, fig. 4, de l'excentrique ordinaire, tourne tout à coup autour de ces points, et revient à l'instant sur elle-même, sans éprouver le ralentissement que je signalais plus haut.

Ce mécanisme extrêmement ingénieux remplit toutes les conditions d'un excellent va-et-vient, et je ne saurais trop recommander aux filateurs de l'adopter. Par son invention M. Geffray a certainement rendu un service important à la filature.

Lorsque nous commencions nos essais sur la répartition des fils, nous n'avions point d'idée arrêtée sur la vitesse qu'il fallait donner au va-et vient, et supposant que cette vitesse serait peut-être considérable, nous avions cherché à résoudre le problême d'une autre manière : en effet, les va-et-vient connus ne peuvent marcher que lentement; celui de M. Geffray même ne résisterait probablement pas à un mouvement très-accéléré. Voici donc ce que nous avons imaginé.

On a vu plus haut, fig. 4, que la marche de la bielle est singulièrement ralentie pendant qu'elle parcourt les courbes F B H et I A C.

Supposons donc, fig. 6, que la bielle E, au lieu d'agir directement sur la tringle qui porte les barbins ou guides des fils, agisse sur un levier F Q, tournant sur le point I.

La bielle, en marchant sur l'excentrique A, fera décrire à l'extrémité Q du levier la ligne courbe PO. Ce sera là que se trouvera transportée l'action de la bielle et qu'elle agira comme va-et-vient; mais jusqu'ici rien n'a corrigé le défaut de l'excentrique A, et le point Q ne parcourra pas avec une égale vitesse tous les points de la ligne P O.

Mais plaçons en I un autre excentrique, fixons-y une autre bielle FH, et disposons la chose de la manière suivante :

Quand la bielle E est en B, c'est-à-dire au point où la marche est la plus rapide, l'autre bielle FH est parvenue en H et a repoussé la bielle FH jusqu'en F, c'est-à-dire à l'extrémité du levier FQ, et la marche du levier se trouve ralentie par la nécessité de parcourir une ligne plus longue ; quand, au contraire, la bielle E est parvenue au point C, c'est-à-dire quand elle marche le moins possible, la bielle de correction F H est arrivée en K, a ramené le point F en G, et fait, par conséquent, agir la bielle E sur un levier beaucoup plus court : le peu d'espace qu'elle parcourt alors suffit à l'entretien d'un mouvement égal. Il résulte de cette description que la vitesse de l'excentrique correcteur doit être double de celle de l'autre.

On voit que ce mécanisme n'est autre chose que la combinaison de deux excentriques qui se corrigent mutuellement en agissant sur un levier, qui est allongé quand le mouvement est rapide, et raccourci quand le mouvement est lent.

L'expérience nous a démontré que ce va-et-vient, exécuté avec soin, remplit parfaitement le but que nous nous étions proposé. Non-seulement il répartit la soie avec une égalité admirable, mais encore il est susceptible de recevoir le mouvement le plus accéléré, sans aucun inconvénient. — Ainsi donc, si cette vitesse était jugée nécessaire pour la filature de la soie ou pour tout autre procédé industriel, le va-et-vient à double excentrique remplirait parfaitement le but.

Quant au choix qu'il convient de faire, pour le moment, entre ce mécanisme et celui de M. Geffray, pour la filature de la soie, je n'hésite pas à déclarer que celui de M. Geffray est plus simple, suffit à toutes les conditions, et doit être préféré. Que M. Geffray me permette seulement de revendiquer l'honneur d'avoir eu en même temps que lui la pensée du va-et-vient elliptique.

§ VII. *Écheveaux égaux ou à tours comptés. Compteur.*

L'idée de faire entièrement pareils tous les écheveaux sortant d'une filature n'est rien moins que nouvelle. Je ne m'occuperai nullement de remonter à son origine ; le procédé mécanique qui donne ce résultat prend le nom de *compteur*.

Un compteur est donc un instrument qui marche en même temps qu'une mécanique quelconque, et avertit quand elle a fait un nombre déterminé de mouvements ou d'évolutions.

Les compteurs sont très-anciens ; il en existe de plusieurs sortes.

Sans m'arrêter à discuter les avantages qu'il peut y avoir à adapter un compteur à un tour, je décrirai celui que nous avons imaginé.

L'adoptera qui voudra, suivant le degré d'importance qu'il attachera à ses résultats.

L'instrument que je vais décrire est extrêmement simple, peu coûteux, d'un entretien facile, et n'offre aucune difficulté dans son usage ; s'il ne sert pas aux filateurs de soie, il pourra être employé à d'autres usages.

Le problème à résoudre était d'obtenir un mécanisme simple, qui pût compter 10 à 15 mille tours d'asple ; il importait surtout de ne pas faire une *horloge,* dont les nombreux rouages, fort chers d'ailleurs, sont très-sujets à se déranger.

Voici les éléments du problème. Prenons pour exemple une soie de 11 deniers, et des écheveaux de 2 onces à peu près, ou 60 grammes : 11 $\frac{1}{2}$ grains valent 6 décigrammes; 60 grammes contiennent 600 décigrammes, ou 100 fois 6 décigrammes. Or les 6 décigrammes de soie en contiennent 400 aunes ; c'est donc 40,000 aunes de soie que contient un écheveau de 60 grammes.

40,000 aunes font 47,520 mètres. L'asple enroule à chaque évolution 2 mètres de soie. Il faudra donc que l'asple fasse 23,760 tours pour se charger d'un écheveau de 60 grammes de soie.

Pour simplifier les calculs subséquents, supposons qu'il faudra enrouler 40,000 mètres de soie, au lieu de 47,520, et que, par conséquent, l'asple devra faire 20,000 évolutions pour achever un écheveau.

C'est donc 20,000 évolutions qu'il s'agit de compter.

Reportons-nous maintenant à la fig. 3 de la planche III.

En A nous voyons une tige de fer, carrée dans la moitié de sa longueur, et taraudée en vis dans l'autre partie.

En C la partie carrée est engagée dans un trou, carré aussi, qui marche avec la roue dentée E. Cependant la tige peut avancer dans ce trou carré, si elle est poussée dans un sens ou dans un autre ; elle tournera donc avec la roue dentée, tout en cheminant dans son centre.

En D la portion de tige taraudée en vis passe librement dans le collet d'une autre roue dentée ; mais en PO elle rencontre un écrou qui fait corps avec la roue dentée.

Si donc la roue dentée D vient à marcher, elle fera cheminer la vis engagée dans l'écrou , et à chaque tour elle avancera d'un pas de vis.

Il en sera de même si c'est la roue E qui marche ; elle entraînera la tige carrée dans sa rotation , et la fera cheminer dans l'écrou PO.

Mais, si les deux roues marchent ensemble , qu'arrivera-t-il ?

Comme l'écrou PO tournera en même temps que la vis, il est évident qu'il ne lui fera pas faire un pas.

Supposons maintenant que la roue D ait 50 dents et la roue E 49 seulement.

Il en résultera que l'écrou PO marchera d'un cinquantième moins vite que la vis qui reçoit son mouvement de la roue E qui n'a que 49 dents.

Il faudra donc 50 évolutions de la roue E, pour faire avancer la tige de fer d'un pas de vis.

Nous voilà donc avec une vis qui n'avance que d'un pas pour 50 tours de roue.

Or, si la vis a 200 pas, il faudra 10,000 tours de la roue E, pour la faire cheminer de toute sa longueur.

Rien de plus facile maintenant que de doubler ou quadrupler ce mouvement, au moyen des deux pignons K et I, qui font marcher les deux roues et reçoivent euxmêmes le mouvement par le pignon L ; ce pignon communique soit à l'asple, soit à la manivelle, au moyen d'un arbre ou d'une chaîne de Vaucanson.

Ce moyen de compter 10,000 tours d'asple me paraît

d'une simplicité remarquable, et l'on conçoit qu'au besoin il serait très-aisé d'obtenir une plus grande multiplication.

Il est inutile de dire que la vis, en arrivant au terme de sa course, pousse un levier qui désengrène la machine, ou un ressort qui frappe une sonnette.

Quant à la manière de faire rétrograder la vis pour recommencer un autre écheveau, rien n'est plus simple.

L'écrou PO se divise en deux à volonté ; alors il laisse libre la vis, qu'on peut repousser à sa position de départ. Cela fait, on resserre l'écrou que maintient un ressort NQ, et l'opération peut recommencer.

Si l'on veut avoir la faculté de faire des demi-écheveaux et même des quarts d'écheveau, on disposera des petites barres de fer, qui, placées entre l'extrémité B de la vis et le levier d'arrêt, feront partir celui-ci quand la vis aura parcouru la moitié ou le quart seulement de sa course.

§ VIII. *Collures.*

On appelle *collure* la partie de l'écheveau qui a porté sur une lame de l'asple, et qui a acquis une certaine roideur comme si, en effet, elle avait été empesée. Les collures sont nécessaires pour conserver la forme de l'écheveau et empêcher la confusion des fils dont il est composé.

J'ai recueilli, à l'égard du nombre des collures qu'il est nécessaire d'avoir dans un écheveau, des renseignements extrêmement contradictoires : on ne s'est pas trouvé mieux d'accord sur la largeur qu'il convient de leur donner, et qui dépend de la forme de la lame de l'asple ; tantôt on m'a conseillé de faire la collure *aiguë*, d'autres fois de la faire *ronde*.

Après avoir réfléchi aux raisons pour et contre, et examiné moi-même des écheveaux qui avaient des collures fort différentes, je me suis décidé pour le nombre de six et pour une forme aiguë légèrement émoussée. Il me paraît convenir que la soie porte sur une surface de 3 à 4 millimètres ; en se renfermant dans ces limites, la collure suffit pour conserver la forme de l'écheveau, et elle ne nuit pas au dévidage.

§ IX. *Bouts rompus.*

On les évitera, 1° si on a soin de rattacher la soie chaque fois qu'elle casse ;

2° Si la brisure des asples se fait de manière à ne pas rompre les fils au moment où on abaisse la lame : l'arrangement adopté par M. Geffray est excellent, je ne saurais trop le recommander ;

3° Enfin en adoptant un système de filature qui n'entraîne que de rares ruptures de fil. Je me suis plusieurs fois expliqué à ce sujet dans le cours de ce mémoire.

§ X. *Ployage de la soie.*

Quelques préjugés existaient à l'égard du ployage de la soie ; mais ils disparaissent peu à peu, et aujourd'hui tout ployage qui n'aura pas détérioré les écheveaux ne sera pas une cause de défaveur : il n'y a donc pas lieu de s'en occuper davantage.

§ XI. *Résumé.*

Le résumé le plus naturel de ce travail consistera en un tableau présentant les moyennes obtenues pour chacun des procédés de filature essayés. L'aspect seul de ce tableau, dans lequel les procédés ont été classés par ordre de mérite, indiquera le choix à faire.

	Ductilité des soies.	Ténacité des soies.
Procédé de la torsion.	133	46
Procédé des frottements simples. . . .	134	47
Procédé de la croisade double. . . .	147	47
Procédé de la croisade simple. . . .	177	56

Pour donner une idée de la valeur de ce tableau je ferai remarquer qu'il résume plus de 500 épreuves faites avec soin sur le sérimètre.

Je n'ajouterai rien, parce que je ne pourrais que répéter ce qui a déjà été dit avec développement dans le cours de ce mémoire.

CHAPITRE III.

§ I. *Tour complet.*

Un très-grand nombre de personnes ont pu voir fonctionner le tour que j'ai fait construire cet hiver; j'ai pris soin de leur expliquer que ce tour était *une machine d'étude, une machine expérimentale destinée à résoudre les questions de la filature et à essayer tous les procédés.*

Ce serait donc une grande erreur de croire que je propose cet instrument tel qu'il est pour la filature de la soie.

Mon but étant de faire des essais, j'ai adopté nécessairement un arrangement qui pût permettre toutes les combinaisons, tous les changements qu'elles nécessiteraient, sauf à ne conserver plus tard que les choses réellement utiles et à les disposer de la manière la plus simple.

La figure de la planche VII représente un tour complet, c'est-à-dire dans lequel sont réunis tous les procédés :

1° Un engrenage pour accélérer le mouvement de l'asple ;

2° Deux tambours pour la répartition parfaite de la soie ;

3° Un va-et-vient pour la croisure ;

4° Un brise-mariage ;

5° Un système de leviers et un frein qui arrêtent instantanément les asples au moment où un fil casse ;

6° La double croisade de Vaucanson ;

7° La torsion ;

8° Un compteur pour faire tous les écheveaux pareils.

Je vais reprendre chacun de ces appareils en me bornant aux indications nécessaires à l'intelligence de la figure.

Accélération du mouvement des asples. En x' on voit la manivelle du tour. E est un engrenage qui a un nombre de dents double de celui qui conduit les tambours. La vitesse qui résulte de cette combinaison est suffisante pour filer à quatre bouts.

Tambours. A et B sont les deux tambours qui ont été décrits dans le chapitre précédent. Il n'y a entre eux que la différence que donne l'imperfection du travail; elle suffit pour la répartition de la soie. Ces deux tambours sont posés l'un sur l'autre. Le tambour A porte l'engrenage qui reçoit le mouvement de la manivelle. Le tambour B porte de tout son poids sur le tambour A. Au moyen d'un arrangement très-simple, les arbres des asples s'ajustent en C dans l'arbre de ce tambour et tournent avec lui. Il y a deux asples qui occupent les deux côtés du tambour B. Chacun peut recevoir deux écheveaux, et leurs lames ont, par conséquent, 2 décimètres 6 centimètres de largeur.

Va-et-vient. On voit en Y le va-et-vient que je me suis contenté d'indiquer dans la figure. Il a été suffisamment décrit plus haut. Je ne ferai qu'une recommandation, c'est de le faire très-solide, afin qu'il marche avec régularité; car les ballottements auxquels sont sujets tous ceux que j'ai vus jusqu'à présent nuisent beaucoup à l'arrangement de la soie, et on ne saurait y apporter trop de soin.

Brise-mariage et frein. On voit en U le brise-mariage que j'ai décrit dans un paragraphe spécial. V est la tige de fer qui s'échappe quand un fil casse; elle tombe sur la pédale P, celle-ci agit sur le petit levier O, qui pousse à son tour la tringle horizontale P I. Cette dernière agit sur la tringle G F, qui repose par son talon sur le support H. Cette tringle étant ainsi déplacée agit par son poids sur le levier F C et sur l'arbre du tambour B, le fait toucher au frein D, et l'arrête à l'instant même. Il est aisé de suivre cette combinaison dans la figure.

Double croisade ou croiseur. En M et L on voit la double croisade de Vaucanson, que l'on pourra remplacer par tout autre *croiseur*, suivant qu'on adoptera la croisade simple ou double.

Torsion. Bien que j'aie renoncé à la torsion par des raisons développées plus haut, j'ai indiqué dans la figure comment on pourrait la faire marcher, au moyen de l'arbre X *v* qui reçoit son mouvement de la manivelle. K serait donc la grande roue qui conduirait la courroie, en J seraient établies les quatre petites roulettes de torsion.

Compteur. N T R représentent le compteur que j'ai décrit plus haut. Il reçoit son mouvement des pignons S *q* que porte l'arbre X V. On conçoit que la tige du compteur, en venant toucher le talon de la tringle verticale G F, la fait tomber et arrête à l'instant les asples, tout comme le fait la tringle P I, mise en mouvement par la rupture d'un fil.

Maintenant on conservera de ce tour ce que l'on trouvera indispensable. On supprimera la torsion, le compteur et même le frein, si l'on veut. Mais le croiseur à tours comptés, le brise-mariage, le va-et-vient et le tambour me paraissent les éléments indispensables de toute bonne machine.

Quant à moi, je conserverai les brise-mariages avec frein, parce qu'ils me paraissent d'une utilité incontestable et d'un établissement peu coûteux.

Il est inutile de faire remarquer que, dans un grand établissement où les tours seraient conduits par une force motrice générale, il y aurait plusieurs choses à changer à l'arrangement adopté ici. Cela va sans dire.

Enfin je dois dire deux mots d'essais que j'ai faits dans le but d'adapter au tour un système de ventilation. Ces essais, quoique nombreux, ont été sans résultat par une raison évidente. Pour obtenir une certaine ventilation, il faut une assez grande vitesse des ailes du tarare. Or cette vitesse exige l'emploi d'une force qui dépasse celle qu'on peut raisonnablement appliquer à ce tour.

Je me suis donc borné, pour le moment, à placer des lames de carton au-dessous des lames de l'asple; et, pour trouver la place la plus convenable, j'ai fait différents essais qui m'ont démontré que les cartons placés près de l'arbre du guindre n'avaient presque aucune action, tandis qu'ils en ont une *considérable*, placés à l'extrémité des rayons du guindre, immédiatement sous la soie. Avis aux constructeurs de tarares. Je ferai mon profit de cette observation et je rendrai compte de ses applications.

§ II. *Conditionnement des soies.*

Les épreuves auxquelles les acheteurs de soie soumettent celles qui leur sont présentées se composent :

1° De la détermination du titre, qui a lieu chez les *essayeurs de soie* spécialement occupés de ce travail;

2° De la détermination de la proportion d'eau excédant celle qui passe pour inhérente et naturelle à la soie, c'est le fait de la *condition publique;*

3° Du dévidage de quelques flottes pour s'assurer de la bonne croisure, et de l'absence des mariages, bouchons et morvolants, en un mot, pour se fixer sur le *déchet* que fera la soie à l'ouvraison.

Est-ce bien là tout ce qu'on peut apprendre aujourd'hui sur le compte d'une partie de soie avant d'en faire l'acquisition? et n'y a-t-il pas d'autres données importantes qui peuvent éclairer sur les qualités et les défauts des soies du commerce?

Si j'étais consulté sur l'ensemble des épreuves auxquelles une soie devrait être soumise, voici ce que je proposerais. Il me semble qu'une matière qui a une si grande valeur, et qui s'emploie en aussi grandes masses, ne saurait être trop étudiée avant qu'on coure les chances de pertes auxquelles elle expose.

Pour rendre mon idée d'une manière claire, je vais donner d'abord un *bulletin de condition* comme je l'entends; il comprendra plusieurs espèces de soies, afin de prouver que je n'ai rien admis d'indifférent.

DÉSIGNATION DES SOIES.	POIDS net du ballot à son entrée.	POIDS de 10 matteaux.	POIDS des 10 matteaux séchés.	POIDS du ballot séché.	POIDS de condition av. 10 o/o d'eau.	TITRE moyen des 10 matteaux.	PERTE par cent à la cuite.	TITRE d'élasticité au sérimètre.	TITRE de ténacité au sérimètre.	*Observations.*
	kil. gr.	gr. déc.	gramm.	kil. gr.	kil. gr.	den. 8es.				
Sina, premier blanc. ...	50 »	300 »	255 »	42 50	46 75	11 1	20 »	0,136	35,01	nette.
Blanc de Tours.	50 »	400 »	352 »	44 »	48 40	13 »	22 3	0,117	38,36	quelques bouch.
Jaune de Sauve.	50 »	350 »	314 50	43 50	47 85	14 6	20 2	0,153	49,19	nette.
Jaune à trois mues.	50 »	345 »	310 50	45 »	49 50	12 3	24 »	0,144	44,70	quelques mariag.
Blanc ordinaire.	50 »	350 »	308 »	44 »	48 40	13 »	20 5	0,115	33,50	faible.

Dans la première colonne du tableau, est indiqué le poids du ballot net, au moment de son arrivée à la condition.

La seconde colonne indique le poids de 10 matteaux ou flottes, pris avec intention dans les diverses parties du ballot.

Le poids de ces 10 flottes indique déjà si elles sont fortes ou faibles.

La troisième colonne donne le poids des 10 flottes *complètement desséchées*. C'est la proportion de soie réellement contenue dans la partie.

La quatrième colonne contient le poids calculé de *la soie réelle* contenue dans le ballot entier.

Dans la cinquième, est donné *le poids de condition;* il résulte du poids de la colonne précédente, auquel on a ajouté *un dixième* pour l'humidité de tolérance ou de convention. On voit que tous les éléments du calcul sont donnés à l'acheteur et au vendeur de la soie ; ils peuvent le vérifier, si bon leur semble.

La sixième colonne contient l'indication du titre de la soie ; ce titre est en deniers ou grains ; mais il serait bien à désirer qu'on changeât cet usage ; j'y reviendrai. Du reste, comme il est nécessaire de faire de petits écheveaux pour essayer la soie à la cuite, il n'en coûterait aucune peine de plus à l'essayeur de donner dans son bulletin le titre de la soie.

La septième colonne donne la perte éprouvée par la soie à la cuite. Il est évident que cette épreuve est d'un grand intérêt, puisque, dans les quatre échantillons seulement dont il est question ici, la perte varie de 20 à 24 pour cent Le fabricant qui livrera des soies au teinturier sera donc en droit de se faire rendre compte de la perte éprouvée, puisqu'elle peut offrir des différences de 3 à 4 pour cent.

La huitième colonne donne la mesure de la ductilité de la soie. J'ai mis *élasticité*, parce que c'est plutôt sous ce nom qu'on désigne, dans le commerce, la propriété de s'allonger.

Or, si l'on remarque que la soie blanche ordinaire s'est allongée sur un mètre de 115 millimètres seulement ou de 11,5 pour cent, tandis que la soie grège jaune de Sauve s'est allongée de 153 millimètres ou 15,3 pour cent, on sera convaincu de l'importance de cette épreuve pour l'estimation d'une grège. En effet, la soie blanche est d'une très-mauvaise qualité, et le chiffre de 115 millimètres est la moyenne de 15 résultats tous fort inégaux, ce qui est une preuve de la mauvaise qualité de la soie.

Le chiffre de 153 millimètres, au contraire, qui est la moyenne de 15 épreuves, s'écarte très-peu des nombres qu'il représente. Je pense donc qu'il serait bon de donner dans le bulletin le chiffre de chaque épreuve, afin qu'on prenne une idée exacte de l'égalité de la soie, la plus importante peut-être de ses qualités.

La dixième colonne du tableau, enfin, donne en grammes le poids qui a fait briser un fil de soie tendu sur un mètre de longueur. Ici encore, on voit des différences remarquables et bien capables d'éclairer sur la force, ou ce qu'on appelle le nerf des soies; on donnerait, comme pour la ductilité, le chiffre de chaque épreuve.

Un mot maintenant sur l'exécution de ces différents essais.

J'ai démontré, dans la première partie de ce mémoire,

que la chaleur de l'eau bouillante, ou plutôt du bain-marie, était suffisante pour dessécher complétement la soie, et dans un court espace de temps. Je me suis assuré, de plus, qu'en faisant dissoudre dans l'eau du sel ordinaire ou tout autre sel plus puissant, on obtenait aisément dans le bain-marie 100 degrés de chaleur constants.

En conséquence, si j'avais à organiser une condition publique, je ferais établir un appareil presque semblable à un alambic muni de son bain-marie d'étain; le fourneau serait disposé de manière à n'avoir aucune communication avec la salle d'épreuves.

L'ouverture pratiquée à l'alambic pour laisser échapper la vapeur serait également extérieure; cette ouverture porterait un tuyau réfrigérant incliné, de telle sorte que toute la vapeur qui s'échapperait de l'alambic y reviendrait d'elle-même à l'état liquide.

Il résulterait de cette disposition fort simple qu'on n'aurait que très-rarement besoin de remettre de l'eau dans l'appareil, et que l'eau saline ne présenterait pas l'inconvénient de se *concentrer*, comme cela aurait lieu si la vapeur pouvait s'échapper. De plus, en saturant l'eau avec du sel ordinaire, elle ne pourrait jamais s'échauffer au delà d'un certain degré (105 degrés centigrades), parce que le sel se déposerait plus tôt et resterait conséquemment toujours dans les mêmes proportions dans l'eau de l'appareil.

On voit donc que les opérateurs auraient, dans la salle des essais, un vase plus ou moins spacieux suivant le besoin, maintenu à une température constante. Rien de plus facile maintenant que de disposer dans ce vase ou espèce d'étuve des diaphragmes ou tablettes en grillage, destinés à recevoir les écheveaux d'épreuves. Rien de plus facile que de ménager dans l'appareil un courant d'air suffisant pour emporter la vapeur qui s'échapperait des soies.

Enfin il est facile de comprendre qu'au moyen d'une poulie et d'un contre-poids on élèverait successivement au-dessus de l'appareil les tablettes portant les écheveaux; saisis et pesés à l'instant même *tout chauds*, ils n'auraient pas le temps de reprendre une quantité sensible d'humidité. Il est bien entendu que les choses seraient disposées de manière que, pendant les pesées successives, les écheveaux restés dans l'étuve continueraient à éprouver l'influence de la chaleur jusqu'à ce que vienne leur tour d'être pesés.

Il me semble que ce procédé serait de nature à satisfaire à toutes les conditions : simplicité, promptitude, exactitude. Les calculs à faire pour appliquer au ballot entier le résultat de l'expérience faite sur dix écheveaux sont d'une telle simplicité, qu'il serait impossible de se tromper. D'ailleurs, comme je l'ai fait remarquer plus haut, les éléments du calcul seraient mis à la disposition du vendeur et de l'acheteur.

On voit, par la colonne du poids de condition, que ce poids se composerait de celui de la *soie réelle*, augmenté du *dixième* de ce même poids.

Pour déterminer la perte que la soie à conditionner devrait éprouver à la cuite, il suffirait de réduire à l'état de siccité, en les plaçant dans l'étuve, les dix épreuves de 400 aunes. Après les avoir pesées, on les ferait bouillir une demi-heure dans la lessive dont j'ai donné ailleurs la composition ; lavés, séchés à l'air, puis replacés dans l'étuve, les dix petits écheveaux donneraient, par leur diminution de poids, la proportion de gluten que la soie perdrait à la cuite.

Il ne faut pas qu'on s'effraye d'une semblable opération. Les essais d'or et d'argent offrent bien d'autres difficultés ; il faut arriver à un degré d'exactitude bien autrement difficile à atteindre que celui qu'exigerait l'essai des soies, et cependant nous ne manquons pas d'essayeurs d'or et d'argent.

Je ne veux pas m'arrêter ici sur les perfectionnements qu'il serait indispensable d'apporter à l'*éprouvette* destinée à mesurer le titre des soies. Je ne dirai rien non plus sur la nécessité d'adopter bientôt un système de *titrage décimal* dans un pays où l'aune et le grain vont être *absolument* prohibés ; j'y reviendrai peut-être une autre fois.

Je n'ai rien à ajouter ici sur les épreuves qui se feraient avec le sérimètre ; cet instrument et son usage ont été suffisamment décrits plus haut.

TABLE.

Deuxième Partie.

CHAPITRE Ier.

PROPRIÉTÉS CHIMIQUES.

CHAPITRE II.

PROPRIÉTÉS PHYSIQUES.

CHAPITRE III.

Troisième Partie.

CHAPITRE PREMIER.

Pages

CHAPITRE II.

CHAPITRE III.

FIN.

Pl. I.

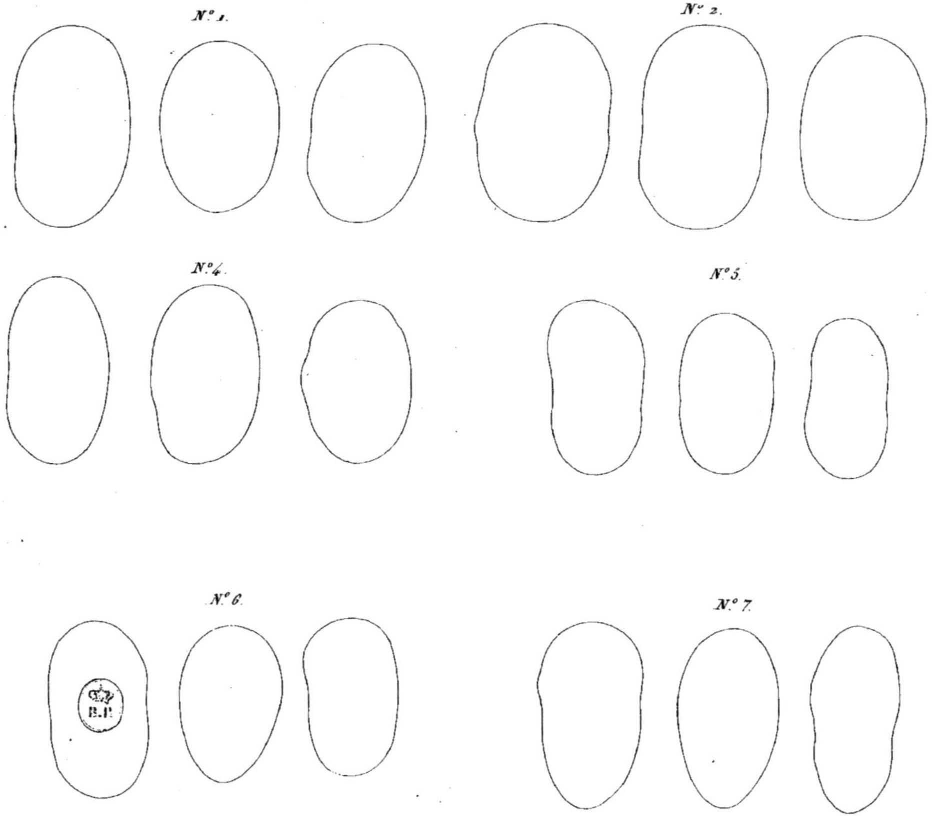

N° 1.

N° 2.

N° 4.

N° 5.

N° 6.

N° 7.

Lith. de E. Letronne Quai Voltaire 15.

Dessiné par Robinet.

Pl. II.

N° 9.

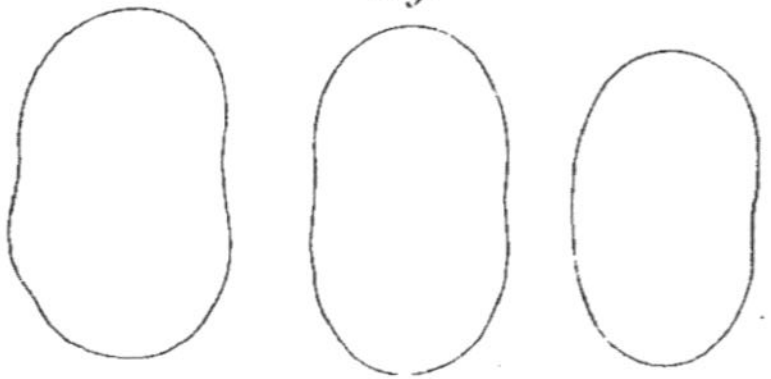

N° 11.

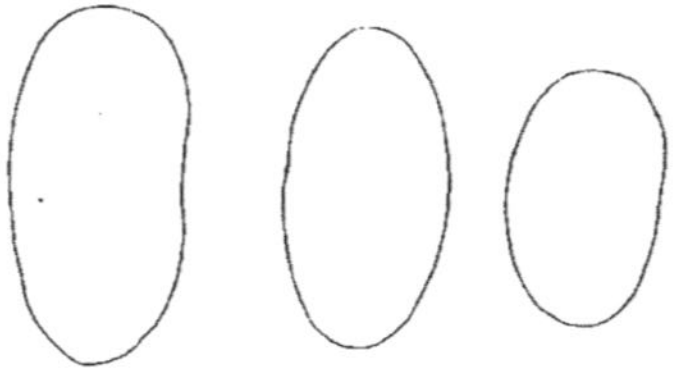

N° 12.

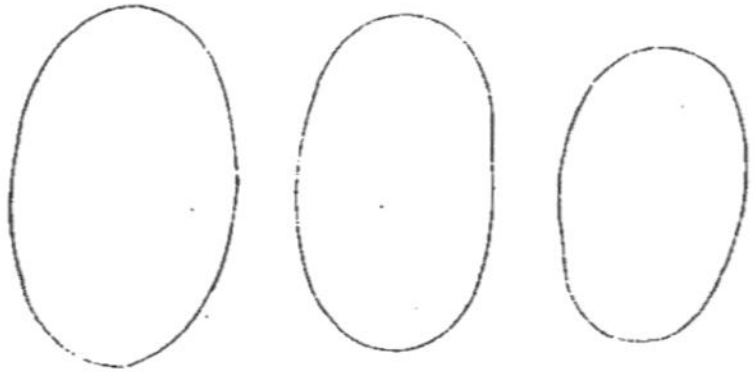

N° 14.

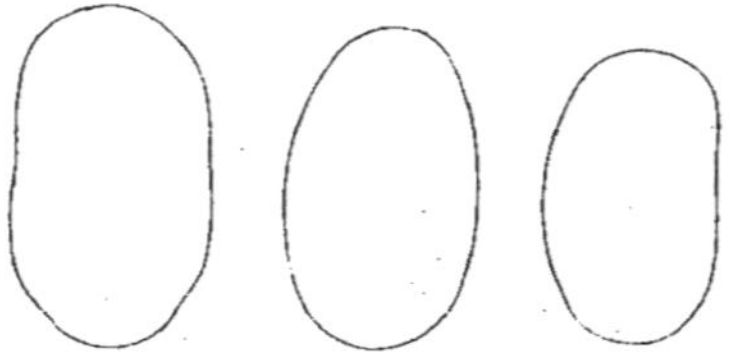

N° 15.

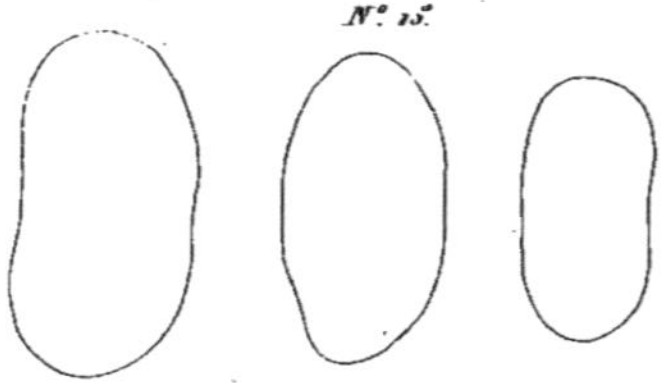

Fig. 1.

Fig. 2.

Dessiné par Robinet.

Pl. III.

Fig. 1.
C
D
E
F
Metre
g
A
B
Fig. 2.
A
N
E
P
Q
S
C
D
R
E
F
A
B
Fig. 3.
A
C
M
B
Q
N
F
K
Dessiné par Robinet.

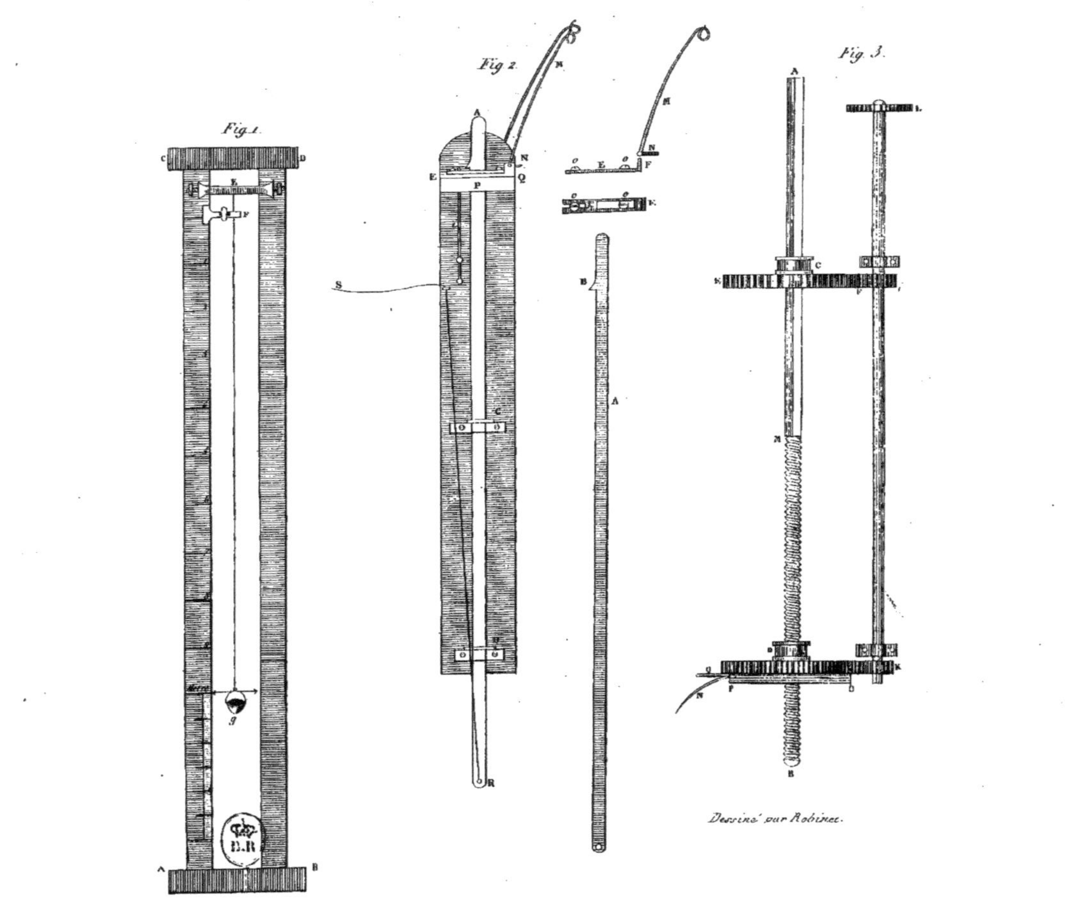

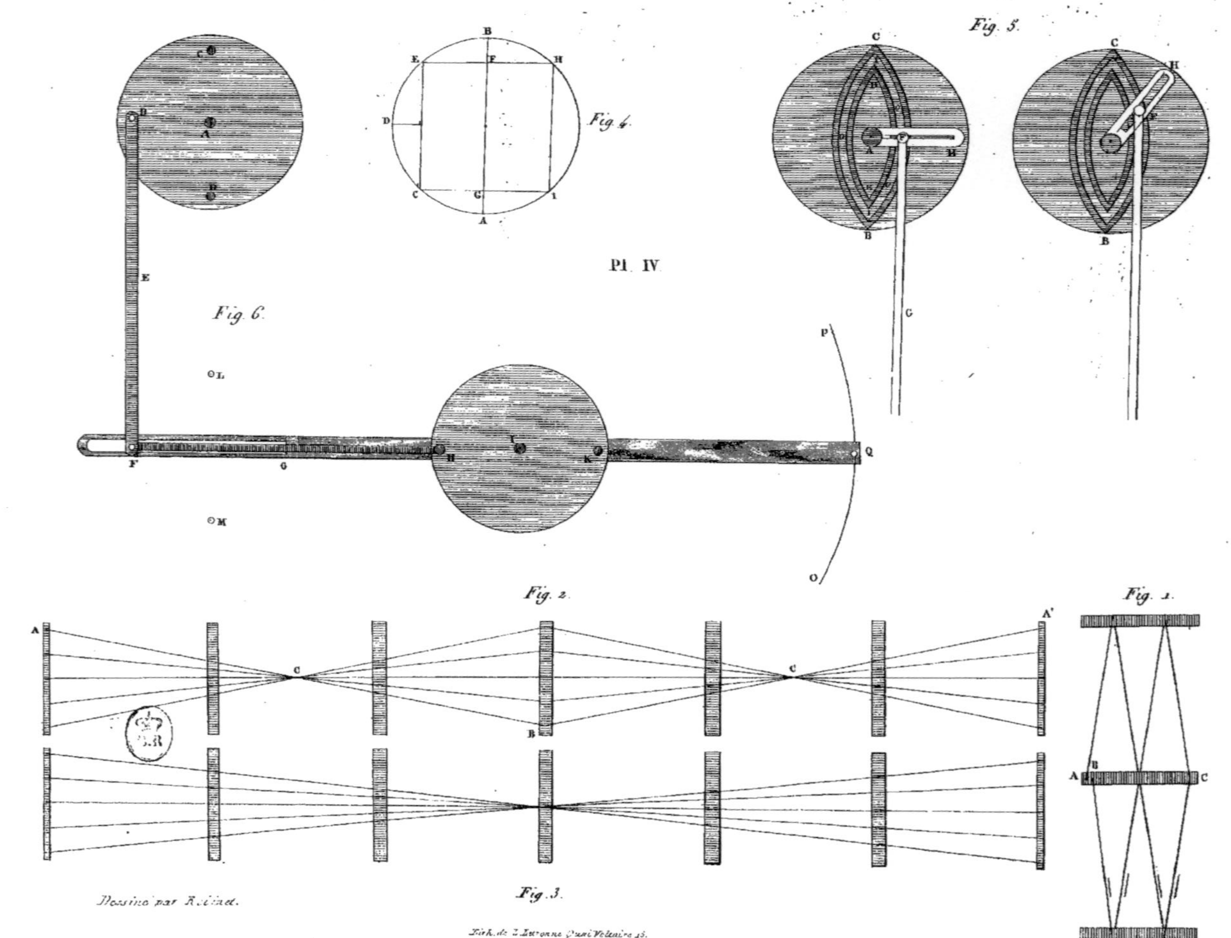
Pl. IV
Fig. 1.
Fig. 2.
Fig. 3.
Fig. 4.
Fig. 5.
Fig. 6.

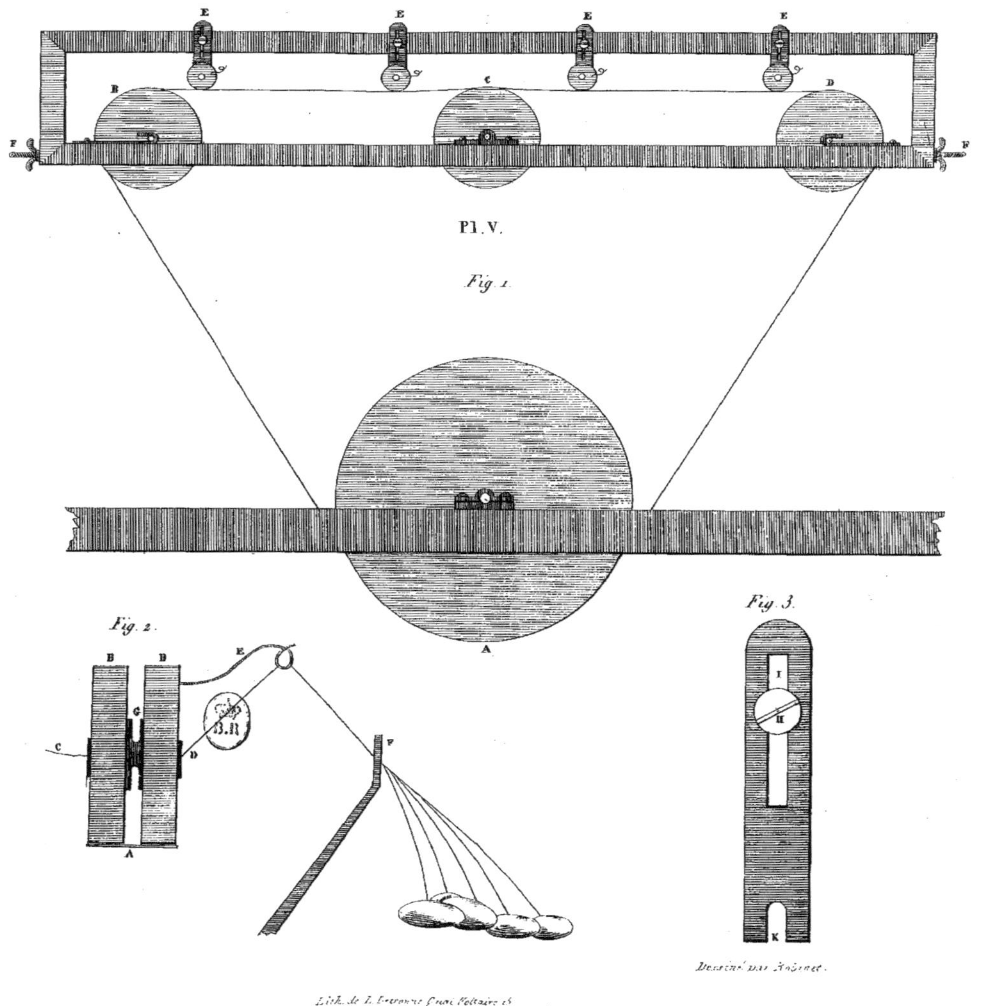

Pl. V.
Fig. 1.
E
E
E
E
B
C
D
F
F
A
Fig. 2.
B
B
C
G
D
E
A
F
Fig. 3.
I
H
K

Pl. VI

Fig. 1.

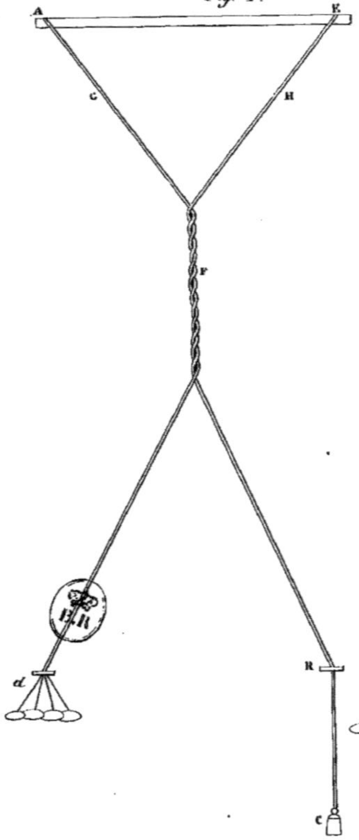

A E G H F d R C

Fig. 2.

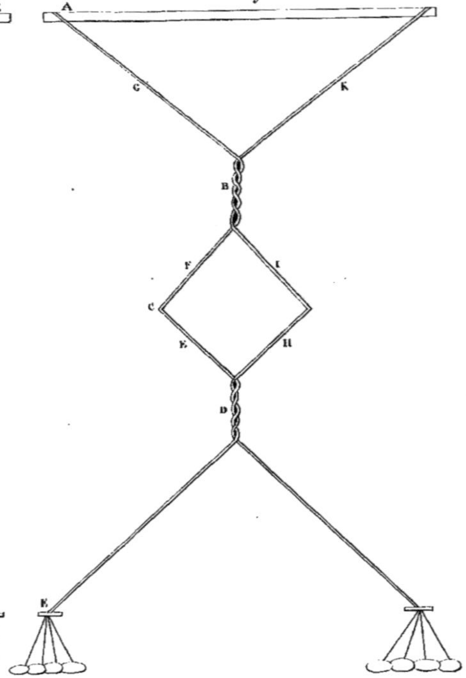

A G K B F I C E H D E

Fig. 4.

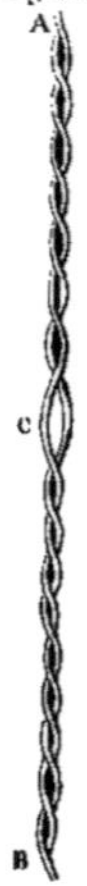

A C B

Fig. 3.

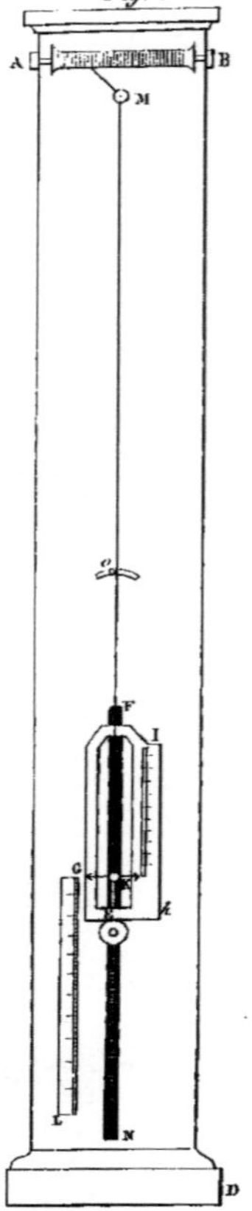

A B M o F I G k L N C D

Dessiné par Robinet.

Lith. de L. Letronne, Quai Voltaire 15.

Pl. VII.

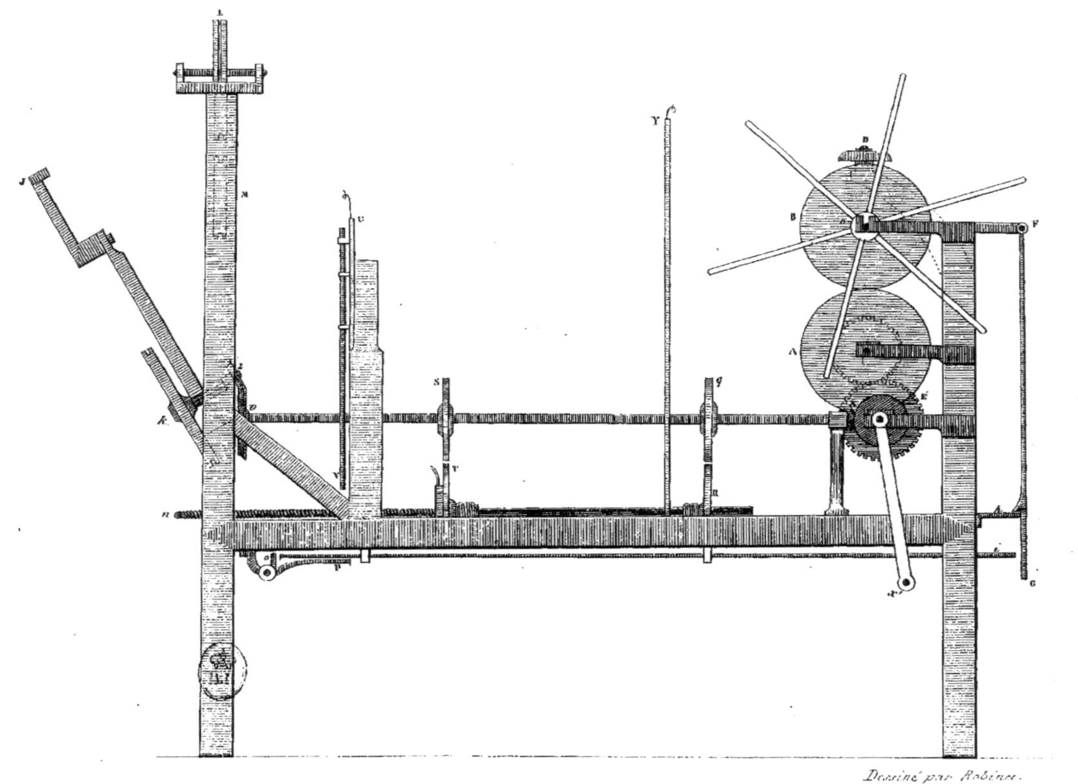

Dessiné par Robinet.

www.ingramcontent.com/pod-product-compliance
Ingram Content Group UK Ltd.
Pitfield, Milton Keynes, MK11 3LW, UK
UKHW020124200726
13856UKWH00002B/730